中华传统
文化与数学
丛书

读西游
玩数学

DU XIYOU　　WAN SHU XUE

欧阳维诚 著

湖南教育出版社

· 长沙 ·

图书在版编目(CIP)数据

读西游玩数学/欧阳维诚著. —长沙：湖南教育
出版社，2023.5
ISBN 978－7－5539－9341－6

Ⅰ．①读… Ⅱ．①欧… Ⅲ．①数学—青少年
读物 Ⅳ．①O1－49

中国版本图书馆 CIP 数据核字(2022)第 228570 号

读西游玩数学
DU XIYOU WAN SHUXUE

欧阳维诚 著

责任编辑：王华玲 钟劲松
责任校对：崔俊辉 刘婧琦
出版发行：湖南教育出版社(长沙市韶山北路 443 号)
网　　址：www.bakclass.com
微 信 号：贝壳导学
电子邮箱：hnjycbs@sina.com
客　　服：0731－85486979
经　　销：全国新华书店
印　　刷：湖南贝特尔印务有限公司
开　　本：710 mm×1000 mm　16 开
印　　张：12.75
字　　数：240 000
版　　次：2023 年 5 月第 1 版
印　　次：2023 年 5 月第 1 次印刷
书　　号：ISBN 978－7－5539－9341－6
定　　价：40.00 元

湖南教育出版社数学教材部提出了"中华传统文化与数学"这个选题，计划以中国古典小说四大名著中一些脍炙人口的故事为载体，在欣赏其中的人文、科技、哲理、生活等情境的同时，以数学的眼光解读那些平时不太被人们注意的数学元素，从中提炼出相应的数学专题（包括数学问题、数学思想、数学方法、数学模型、数学史话等），编写一套别开生面的数学科普读物，通过妙趣横生的文字，文理交融的手法，海阔天空的联想，曲径通幽的巧思，搭建起数学与人文沟通的桥梁，让青少年在阅读经典文学作品时进一步提高兴趣，扩大视野，相互启发，加深理解，获得数学思维与文化精神两方面的熏陶。

　　这是一个很好的选题，它切中了时代的需要。

　　著名数学家陈省身说过："数学好玩"。玩有多种多样的玩法。通过古典名著中的故事创设情境，导向趣味数学或数学趣味的欣赏，不失为一种可行的玩法。

　　中国古典小说四大名著是中国文学史上的登峰造极之作，早已内化为中华优秀的传统文化并滋润着千万青少年。

　　《红楼梦》是我国文学史上的不朽之作，称得上艺林的奇峰，大师之绝唱。它所反映的生活内涵的广度和深度是空前的，可以说它是封建社会末期生态的大百科全书。许多《红楼梦》研究者认为：《红楼梦》好像打碎打乱了的七巧板，每一小块都包含着一个五味杂陈、七彩斑斓的世界。七巧板不正是一种数学游戏吗？《红楼梦》中描写的诸如园林之美、酒令之繁、游戏之机、活动之杂等都与数学有着纵横交错的联系，我们可以发掘其中丰富的数学背景。例如估算大观园的面积涉及"等周定理"，探春惊讶几个姐妹都在同一天生日涉及数学中的"抽屉原理"。

《三国演义》是我国第一部不同于比较难读的正史，做到几乎连半文盲都可以勉强看下去的小说，是我国文学史上一个伟大的创举。其中对诸如战争谋略、外交手段、人文盛事、世道沧桑都有极为出色的描写，给读者以更大的启发。特别是它在描写战争方面所显示的卓越技巧，不愧为古典小说中描写战争的典范。其中几乎所有的战争谋略都与数学中的解题策略形成呼应。我们可以通过类比归纳出大量的数学解题策略，如"以逸待劳""釜底抽薪"等等，虽然是战争策略，但同样可作用于数学解题思想中。

《水浒传》是一部描写封建时代农民革命战争的史诗。它继承了宋元话本的传统，以人物形象为单元核心，构架出一个个富于传奇色彩的情节，波澜起伏，跌宕变化，生动曲折，引人入胜。特别是对于人物个性的描写更是匠心独运——明快、洗练、准确、生动，往往三言两语之间便将人物性格勾画得惟妙惟肖、形神毕具。我们可以从其中的大小场景中提炼出各种同态的数学结构。例如梁山好汉每个人都有一个绰号，可以从中提炼出一一对应的概念，特别是《水浒传》中有许多特殊的数字，可以联系到很多数学问题，如黄文炳向梁中书告密却不能说清"六六之数"，可以使人联想到数学史上的"三十六军官"问题。

《西游记》是老少咸宜、闻名中外的杰作。它以丰富瑰奇的想象描写了唐僧师徒在漫长的西天取经路上的历程。并把其中与穷山恶水、妖魔鬼怪的斗争，形象化为千奇百怪的"九九八十一难"，通过动物幻化的有情的精怪生动地表现出来。猴、猪、龙、虎等各种动物变化多端，神通广大，具有超人的能耐和现实生活中难以想象的作为。它的情节曲折离奇，语言幽默优美，更是一本妙趣横生、兴味无穷的神话书，受到少年儿童的普遍欢迎。书中描写的禅光佛理、绝技神功，都植根于社会生活的投影，根据其各种表现，可以构建抽象的数学模型。《西游记》中开宗明义第一页第一行的卷头诗"混沌未开天地乱"，我们可以介绍数学中"混沌"的简单知识；结尾诗中的"行满三千即大千"，也隐含一个重要的数学问题。

这套书从中国古典小说四大名著中汲取灵感，每本挑选了40个故事，发掘、联想其与数学有关的内容。其中包含了大量经典的数学名题、趣题，常见的数学思维方法与解题策略，一些现代数学新分支的浅显介绍，数学史上的趣闻逸事，数学美术图片，等等。除了传统的内容之外，书中还编写了一些较为特殊的内容，如以数学问题的答案为谜面，以成语为谜底的数学谜语，以《周易》中的八卦为工具的易卦解题方法（如在染色、分类等方面）等。

本书是数学科普著作，当然始终以介绍数学知识为主，因此每篇文章的写作，都是以既定的数学内容为主导，再从有关的小说章回中挑选适当的故事作为"引入"的，与许多中学数学老师在上数学课时努力创造"情境"来导入新课的做法颇为相似。

本书参考了许多先生的数学科普著作，特别是我国著名数学科普大师谈祥柏先生主编的《趣味数学辞典》中总结的知识，中国科学院院士张景中先生的数学科普著作中的一些理念和新思维，给了我极大的启发和帮助，谨向他们表示衷心的感谢。

作者才疏学浅，诚恳地希望得到广大读者的批评指正。

欧阳维诚
2020 年 6 月于长沙
时年八十有五

目　录

从混沌谈起

三打白骨精

蜘蛛和兔子

奇特的算术

从混沌谈起

浅谈混沌

《西游记》开头是一首咏"混沌"的诗：

> 混沌未分天地乱，茫茫渺渺无人见。
>
> 自从盘古破鸿蒙，开辟从兹清浊辨。
>
> 覆载群生仰至仁，发明万物皆成善。
>
> 欲知造化会元功，须看《西游释厄传》。

"混沌未分天地乱"这一句诗的意思是：宇宙形成之前，天地未分，一切都处于模糊一团的混乱状态，神秘莫测，瞬息万变。

数学中也有混沌现象。什么是混沌？顾名思义，就是极端混乱、极端无序的意思。古往今来，天上人间，有序与混沌二者始终相互争夺着霸权。正常秩序下条件的微小改变，常有可能带来极其混乱的后果，所谓"失之毫厘，谬以千里"就是这个意思。一点微小的压力可以使本来有条不紊的水流变成极端复杂的湍流旋涡。对安宁生活的惊扰可以使有序的生物繁衍陷入不可控制的无序状态。反之，混沌也可以转化为有序。从有序转化为混沌，从混沌的内部又产生出有序，其过程为戏剧性的形式。研究其转化的过程与机理的科学，就称为混沌科学。

在自然界中，有许多物体的形状和现象十分复杂，崎岖逶迤的山岳走势、纵横交错的江河流向、蜿蜒曲折的海岸线、奇形怪状的层云等等，也都是一种混沌现象，这些事物的形状称为分形。对分形的研究是混沌科学的一个重要分支。

法国数学家拉普拉斯在 1776 年写道："如果想象一位大智大慧者能在某

一时刻把握宇宙间实体的全部关系，那么他就能讲出所有实体在过去与未来的相对位置、运动以及广泛的相互影响。"而另一位法国数学家庞加莱则辩驳说："事实并非如此，初始条件的微小差别可能对最终的现象产生非常大的影响，前面的小误差会酿成以后的大偏差，预言是不可能的。"庞加莱关于初始条件的细小差异会给动力系统未来的演化带来巨大影响的思想，是深邃且先知先觉的。

有关混沌的数学研究可以追溯到 1890 年左右。1975 年李天岩与詹姆斯·约克在《美国数学月刊》上发表了《周期 3 隐含着混沌》(*Period Three Implies Chaos*)一文，首次把混沌(chaos)作为一个数学定义提出来。同时欧洲数学家对混沌现象做了大量的研究，到了 20 世纪 80 年代，有关混沌与分形的著作如雨后春笋般涌现。

让我们通过日常生活中常见的现象体会一下什么是混沌。

一个面包师把水分不太均匀的湿面团揉成一尺(1 尺≈33.3 cm)长的一根面条(可看成圆柱体)，再把它均匀拉成两尺长，从中点切断，把右半段拿起来平行左移，使其与左半段重合。再进行第二回合的拉伸与重叠，即把重合后的一尺长的面条向右拉伸成两尺长，从中点切开，把右半段平行左移，使其与左半段重合，如此不断地反复操作，这样就能使面条各处湿度趋于一致，使做成的面点香甜可口。为什么呢？因为其中隐藏着极其深刻复杂的数学道理。例如，我们可用数学推理证明随着拉伸与重叠的反复进行，会出现下列现象：

(1)面条上某些点对本来距离十分近，可以小到任意指定的程度，但后来两者的距离又拉远到相当大的程度。

(2)面条上有的点的位置呈周期性变化，即每拉伸重叠一个固定的次数以后又回到原来的位置。这种点有无穷个，在面条上这种点处处稠密。

(3)面条上存在这种点，随着拉伸重叠的进行，它可以移动到任意指定点的任意程度的相近的位置。这样，面条上的点可以彼此掺和而使面条各处水分、碱分或糖分更趋均匀。

上述抻面过程可以建立如下的数学模型，从而可用数学方法严格证明上述三条结论的真实性和科学性。把一尺长的面条放在 x 轴的[0，1]区间上，则上述拉伸重叠过程的数学模型是[0，1]到自己的映射的反复进行：

$$\sigma:\ [0,\ 1]\rightarrow[0,\ 1],\ \sigma(x)=\begin{cases}2x,\ 0\leqslant x<\dfrac{1}{2},\\[2mm]2x-1,\ \dfrac{1}{2}\leqslant x\leqslant 1\end{cases}\qquad\text{①}$$

盯住 $[0,\ 1]$ 上的一个点 x_0，跟踪 x_0 在每次拉伸重叠后的落点

$$x_1=\sigma(x_0),\ x_2=\sigma(x_1),\ \cdots,\ x_n=\sigma(x_{n-1}),\ \cdots\qquad\text{②}$$

把 σ 视为运动，则 x_0，x_1，x_2，$\cdots$，x_n，$\cdots$ 是一串"脚印"，称为 σ 的轨道。

x_1 被 x_0 唯一确定，x_2 被 x_1 唯一确定，也就是被 x_0 唯一确定，即 $x_2=\sigma(x_1)=\sigma(\sigma(x_0))$（可记为 $\sigma^{(2)}(x_0)$），x_n 被 x_{n-1} 唯一确定，即 $x_n=\sigma^{(n)}(x_0)$，$\cdots$，所以 σ 的轨道是确定系统，其中似乎没有什么事是不确定的；但是，令人始料不及的是，就是如此简单的一个确定性系统，却隐藏着内在随机性造成的极为复杂的不确定性！为了揭示这种不确定性，我们利用二进制来表达 $[0，1]$ 中的数。

任取 $x_0\in[0,\ 1]$，由于 $x_0=a_1\times\dfrac{1}{2}+a_2\times\dfrac{1}{2^2}+\cdots+a_n\times\dfrac{1}{2^n}+\cdots$，则 x_0 在二进制中可写成

$$0.a_1a_2\cdots a_n\cdots_{(2)}$$

其中 $a_i=0$，1，$i=1$，2，$\cdots$，于是

$$2x_0=a_1+a_2\times\frac{1}{2}+\cdots+a_n\times\frac{1}{2^{n-1}}+\cdots$$

$a_1=0$ 时，$x_0\in\left[0,\ \dfrac{1}{2}\right)$，所以

$$\sigma(x_0)=2x_0=a_2\times\frac{1}{2}+a_3\times\frac{1}{2^2}+\cdots+a_n\times\frac{1}{2^{n-1}}+\cdots$$
$$=0.a_2a_3\cdots a_n\cdots_{(2)}$$

$a_1=1$ 时，$x_0\in\left[\dfrac{1}{2},\ 1\right]$，所以

$$\sigma(x_0)=2x_0-1$$
$$=\left(1+a_2\times\frac{1}{2}+a_3\times\frac{1}{2^2}+\cdots+a_n\times\frac{1}{2^{n-1}}+\cdots\right)-1$$
$$=a_2\times\frac{1}{2}+a_3\times\frac{1}{2^2}+\cdots+a_n\times\frac{1}{2^{n-1}}+\cdots$$
$$=0.a_2a_3\cdots a_n\cdots_{(2)}$$

总之，当 $x_0 \in [0,1]$ 时

$$\sigma(x_0) = 0.a_2a_3 \cdots a_n \cdots \quad (2)$$

σ 的动作是把 x_0 的二进制表示的小数点向右移一位，且把小数点前的非零数字变成零，故称 σ 为移位映射。历史上是伯努利首先研究这一函数，所以也称 σ 为伯努利移位映射。

讨论迭代 F 的周期点稠密性乃至混沌都可以借助于对移位映射的研究而获得。这类变换有如面包师揉面、拉伸、卷叠的不断糅合。混沌也被人们称为是面包师的杰作。自然界物质的运动，人类社会人群的活动，如果局限在一个有限的范围内发展变化，免不了扩张拉伸，也免不了发生折叠，试以北京拉面这种实际模型来模拟拉伸折叠现象，建立它的数学模型，且分析其中的混沌表现。值得提醒的是，北京拉面并不是随机过程，而是在一种简单规则支配下的确定性过程。它的数学模型是 $[0,1]$ 到自身的映射 A 的迭代。

$$A: y = \begin{cases} 2x, & 0 \leqslant x < \dfrac{1}{2}, \\ 2-2x, & \dfrac{1}{2} \leqslant x \leqslant 1 \end{cases} \quad ③$$

在二进制表达式中，③式的迭代为

$$x_{n+1} = \begin{cases} 2x_n, & 0 \leqslant x_n < \dfrac{1}{2}, \\ 2-2x_n, & \dfrac{1}{2} \leqslant x_n \leqslant 1 \end{cases} \quad ④$$

因③的函数图象（如图 1 所示）好像一项三角形帐篷，故又被称为帐篷变换。

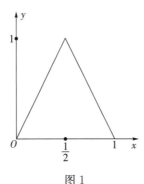

图 1

数学里的妖怪

《西游记》中到处都是妖，即使是齐天大圣孙悟空最初也是以妖的身份登场的。第四回太白金星把孙悟空引上天庭，即向玉帝启奏："臣领圣旨，已宣妖仙到了。"玉帝也称"那孙悟空乃下界妖仙"。太白金星和玉皇大帝都把他定性为妖。

《西游记》里有许多动物修炼成妖，有趣的是，数学里也有"妖"。

1. 爱尔兰妖精

图1这张画片上画的是爱尔兰传说中的"矮妖精"，共有14个。

把这张古怪的画贴在较厚的硬纸片上，然后沿图1中的直线剪开为①②③那样的三块：

图1

如果再把这三块画片按照图2那样重新拼接起来，奇迹出现了，画面上原有的14位矮老头却变成了15位。就像孙悟空与哪吒大战时孙悟空拔根毫毛，叫声"变"，就变出了另一个孙悟空，一个人突然变成了两个人，是不是妖怪？

图2

原来，这是设计家利用人们眼睛的错觉而设计的一个数学游戏。图上的线条总是不变的，可是在按图 1 那样拼的时候，矮老头的头和身体都很完全、匀称。然而按图 2 那样拼，老头们的头和身子就不全了，有的上身少了点，有的下身少了点，七拼八凑，积少成多，就"变"出了一个人。这套画片最初是由数学科普大师山姆·洛伊德等设计的，现在已成为趣味数学中一个精彩的"传统节目"了。

这类有关剖分悖论的问题，通常被称为"几何消失"，这可以在许多介绍趣味数学的书中找到。

2. 美丽的小妖

图论中有一种很漂亮的图称为妖怪。若图 G 满足以下几个条件：

(1)G 是每个顶点的度数皆为 3 的无桥图，即任意删除三条边后，不会使它分裂成两个都包含有边的子图。

(2)G 的最小圈上的边数不少于 5。

(3)G 的边色数 $\chi'(G)=4$。即恰好能用 4 种颜色给图 G 的边染色，使从任意顶点发出的三条边没有相同的颜色

满足这些要求的图很难捉住(设计出来)，所以命名为妖怪，以示其神秘和妖美。它们已成为图论学科的"形象大使"，在各种有关图论的杂志和著作的封面上经常出现。图 3 是顶点数最少的妖怪，所以也称为"小妖"。图 4 有 30 个顶点，称为"大妖"。王树禾先生的《数学聊斋》里介绍了这两个妖怪。

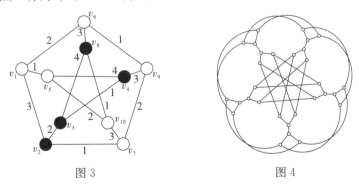

图 3   图 4

图 3 显然满足条件(1)和(2)，下面我们证明小妖的边色数是 4(边色数是指：将一个图的边着色时，保证同一顶点出发的边都有不同颜色，所需最少

的颜色总数）。由于小妖每个顶点的边数都是 3，所以小妖的边色数 $k \geqslant 3$。图 3 中已经用 4 种颜色 1，2，3，4 对小妖的边按要求着色，故 $k \leqslant 4$。下面证明 $k = 4$，为此只要证明用三种颜色不能对小妖的边按要求着色即可。为此我们把小妖画成图 5 的模样，设图 5 可以用三种颜色 1，2，3 对边正常着色，由对称性，不妨设与 v_{10} 相关联的三条边已用 1，2，3 色着色，则 $v_1 v_5$ 与 $v_4 v_5$ 分别用 2 色与 3 色或 3 色与 2 色着色；$v_2 v_7$ 与 $v_7 v_9$ 分别用 1 色与 3 色或 3 色与 1 色着色；$v_3 v_8$ 与 $v_6 v_8$ 分别用 1 色与 2 色或 2 色与 1 色着色，于是这六条边的着色有 $2 \times 2 \times 2 = 8$（种）可能的方式，需要分别加以讨论。其中之一在图 5 上标出，事实上这种方式并不可行。因为 $v_3 v_4$ 只能选 3 色，这时 $v_3 v_2$ 只能选 2 色，进而 $v_2 v_1$ 的邻边已占用 1，2，3 三种颜色，$v_2 v_1$ 已经无色可选了！

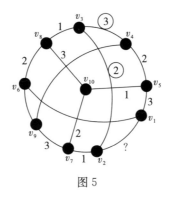

图 5

同理可证其他 7 种方式也行不通，于是只用三种颜色满足不了小妖的邻边异色。

由此知 $k = 4$。

图 4 大妖的边色数也是 4。但论证更为繁杂，读者可在计算机上去做。

猴子分桃趣题

《西游记》的第四～五回中说：玉帝把美猴王宣召上天庭，封他"弼马温"之职。开始美猴王还非常高兴，半个多月之后，得知弼马温乃是一个没有品从、"未入流"的官职，勃然大怒，反出天宫，重回花果山，自号齐天大圣。玉皇大帝派托塔李天王与哪吒太子等人前往征讨未能取胜。玉帝再一次听了太白金星之计，把孙悟空第二次召上天庭，封他为齐天大圣。这齐天大圣到底是个妖猴，更不知官衔品从，也不较俸禄高低，但只注名便了。那齐天府下二司仙吏，早晚伏侍，只知日食三餐，夜眠一榻，无事牵萦，自由自在。天庭众臣，怕他闲中生事，便奏请玉帝，委任他代管蟠桃园。谁知野性未改的猴王监守自盗，把蟠桃园中成熟的大蟠桃偷食得一干二净，害得王母娘娘的"蟠桃胜会"无法举行。

想那美猴王早年在三星洞里须菩提祖师门下修行的时候，常去后山打柴，那里有一座山叫烂桃山，满山都是桃树，猴王在那里吃了七年饱桃。在猴王眼里，天上蟠桃园里的桃与烂桃山上的桃，会有什么区别呢？所以，演了一出偷吃蟠桃、大闹天宫的好戏来。

数学家编数学题，也常常喜欢拿猴子来说事。有一个很有名的数学趣题叫做"五猴分桃"，20 世纪 80 年代在我国风靡一时。

有五只猴子在一个小岛上发现了一堆桃子，它们想平均分配，但无论如何也分不好。于是大家相约去睡觉，第二天再分。夜里，第一只猴子趁大家熟睡之际，偷偷爬到桃子边，吃掉了其中一个，剩下的恰好可以成分五份。这个猴子拿走其中的一份藏起来，重新去睡觉。过了一会儿，第二只猴子爬到桃子堆边拿一个吃了，剩下的又恰好可以分作五份。第二只猴子也藏了其中一份再去睡觉。接着第三、第四只猴子都偷偷起来照此办理。最后，第五只猴子起来，从剩下的桃子中拿一个吃了，最后剩下的桃子也恰好可以分成五份。这堆桃子至少有多少个？

这道题真可以说是一个世界有名的难题、趣题。美国当代著名趣味数学家马丁·加德纳就称它"不是一个简单的题目"。美国作家本·艾姆斯·威廉还将它作为素材写成一篇微型小说发表在的《周末晚报》上。诺贝尔物理学奖获得者、著名物理学家李政道院士在 1979 年访问中国科技大学时，特地去看望了我国首届少年班大学生的同学们，又将这道题出给那些堪称神童的少年大学生们去做，并鼓励他们要寻求最简单的解法。同时指出，著名的数学家和哲学家怀特海教授曾经对此题提出过一个巧妙的解法。一道数学趣题有这么多名人关注，于是题以人传，很快在我国数学界炒得火热，从中小学生到大学教授，都有人研究它，甚至把它作为例题选入各种数学书刊，不断地提出各种各样的新解法。

当年笔者也赶了这场热闹，给出了下面的一种解法：

如图 1，画一批实心点表示这堆桃子，设它们的个数为 A，依题意，A 不是 5 的倍数而是 5 的倍数加 1。现在在这堆桃子中添加 4 个虚拟的桃子（用图 1 中的空心点表示），变成 $(A+4)$ 个。根据题目的条件，第一个猴子会面临图 1 所示的情况，即 $A+4$ 是 5 的倍数。桃子（包括 4 个虚拟的）恰好可以平均分成 5 份，其中有一份包含一个被猴子吃掉的桃子，其余四份里各有一个虚拟的桃子。

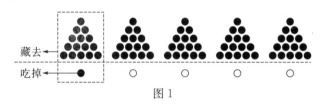

图 1

当第一个猴子一吃一藏之后，剩下的桃子数为 $\frac{4}{5}(A+4)$，桃子的总数变了，但是根据题目的条件，第二个猴子仍然会面临图 1 的状态，并没有变化，是一个不变量，因此 $\frac{4}{5}(A+4)$ 也是 5 的倍数。又因为 4 与 5 是互质的，意味着 $A+4$ 必须是 5^2 的倍数。继续这一讨论知，$A+4$ 必须是 5^5 的倍数，因此 $A+4$ 不得小于 $5^5=3125$，即 A 最小为 $3125-4=3121$。所以本题的答案是最少要有 3121 个桃子。

下面介绍另外两种解法。

解法 1 若 $f(x)=ax+b$ 为一次函数，$f^{(n)}(x)=f[f^{n-1}(x)]$，则 $f^{(n)}(x)=a^n x+\dfrac{b(1-a^n)}{1-a}$。

利用这一公式，设任一猴子来时，桃子数为 x，离去时为 $f(x)$，则依题意有：

$$f(x)=\frac{4}{5}(x-1)=\frac{4}{5}x-\frac{4}{5}$$

$$f^{(5)}(x)=\left(\frac{4}{5}\right)^5 x-\frac{\frac{4}{5}\left[1-\left(\frac{4}{5}\right)^5\right]}{\left(1-\frac{4}{5}\right)}$$

$$=\left(\frac{4}{5}\right)^5 x-4+4\left(\frac{4}{5}\right)^5$$

$$=\left(\frac{4}{5}\right)^5 (x+4)-4$$

要使 $f^{(5)}(x)$ 为正整数，$x+4$ 的最小值为 $5^5=3125$，即 x 的最小值为 3121。

解法 2 把问题推广到一般情况：

设有猴子 n 只，桃子总数为 x。n 只猴子各自藏起来的桃子数依次为 k_1，k_2，$\cdots$，k_n，则得方程组：

$$\begin{cases} x-1=nk_1, \\ (n-1)k_1-1=nk_2, \\ \cdots \\ (n-1)k_{n-1}-1=nk_n \end{cases} \quad ①$$

把①中除第一个以外的各式两边分别加上 n，分解因式后把两边分别相加可得：

$$\begin{cases} (n-1)(k_1+1)=n(k_2+1), \\ (n-1)(k_2+1)=n(k_3+1), \\ \cdots \\ (n-1)(k_{n-1}+1)=n(k_n+1) \end{cases} \qquad ②$$

再把这些等式两边分别乘起来可得:

$$(n-1)^{n-1}(k_1+1)=n^{n-1}(k_n+1) \qquad ③$$

在③中,由于 n 与 $n-1$ 互素,因而 k_1+1 必是 n^{n-1} 的倍数,记为

$$k_1+1=n^{n-1}k, \quad k\in\mathbf{N}_+ \qquad ④$$

将④代入①中第一个等式得:

$$x=n(n^{n-1}k-1)+1=n^n k-(n-1) \qquad ⑤$$

在⑤中令 $k=1$,得⑤的最小解 $x=n^n-(n-1)$,再令 $n=5$,即得本题的最少桃子数为 $5^5-4=3121$。

下面是本题的另一版本:

3名水手和他们的一只猴子因船舶失事而流落在一个岛上,在那里他们发现仅有的食物是椰子。他们为收集椰子而劳累了一天,于是大家决定先去睡觉,等第二天起来后再分配。

夜间,一个水手醒来,决定拿走属于他的那份椰子而不想等到早上,他把椰子分为相等的三堆,但发现多出了一个椰子,于是他把多出的一个椰子给了猴子,拿走了一堆藏起来,又去睡觉了。不久,另一个水手也醒来,他做了与第一个水手同样的事,也把正好多出来的一个椰子给了猴子。而最后第三个水手醒来,他也采取了跟前两个水手一样的做法分了椰子,并把此时多出的一个椰子给了猴子。早晨,当三名水手起来时,他们决定为猴子留下一个椰子后把其余的椰子平分为三堆。试问,水手们收集到的椰子最少的数目是多少?

分析 令 n 为原有椰子数,由于分配的次数只有3次,水手们逐次分配椰子的过程可以直接计算:

	给猴子数	一个水手所得数	堆中留下数
第一次	1	$\dfrac{n-1}{3}$	$\dfrac{2n-2}{3}$
第二次	1	$\dfrac{2n-5}{3} \div 3 = \dfrac{2n-5}{9}$	$\dfrac{2(2n-5)}{9} = \dfrac{4n-10}{9}$
第三次	1	$\dfrac{4n-19}{9} \div 3 = \dfrac{4n-19}{27}$	$\dfrac{2(4n-19)}{27} = \dfrac{8n-38}{27}$
第四次	1	$\dfrac{8n-65}{27} \div 3 = \dfrac{8n-65}{81}$	0

因此 $\dfrac{8n-65}{81}$ 必须为一正整数，设 $\dfrac{8n-65}{81} = m$，$m \in \mathbf{N}_+$，则

$$8n - 65 = 81m$$

$$8(n - 10m - 8) = m + 1$$

因此 $m+1$ 是 8 的倍数，其最小值为 7，此时 $n - 10 \times 7 - 8 = 1$，$n = 79$。

六道轮回

《西游记》第十～十一回写唐太宗魂游地府，崔珏死后做了地府的判官，掌握着人间的生死簿。因为魏征与崔珏生前友好，魏征给崔珏写信托他照顾唐太宗。唐太宗果然得到了崔判官的照应，崔判官不仅在生死簿上给唐太宗加了 20 年阳寿，还亲自送他的魂魄到"六道轮回"之所，直至那"超生贵道门"回到了人世。

阴曹地府，转生还魂之类固属无稽之谈，但是这"六道轮回"却是佛教的教义。六道，佛教教义指地狱道、饿鬼道、畜生道、阿修罗道、人道、天道。根据佛教轮回的说法，人都要在这六道中轮回。印度是一个佛教盛行的国家，佛教文化渗透到科学与人文的各个领域，也渗透到了数学之中。印度有一些数学游戏，风格极为特别，它渗透着佛心禅理，但却又以现代数学为背景，游戏的操作也简单易行，连低年级的小学生也都会做。

例如印度流行着一个名叫"六道轮回"的数学游戏。

游戏由 7 人进行，第一人秘密地在纸条上随便写一个数，除了 0 和 1 不能写之外，其他的任何数都可以。把这纸条装入信封交给第二人。

第二人收到纸条之后，把纸条上的数改写为它的倒数，写在另一张纸条上，再装入信封交给第三人。

第三人看了纸条后，用 1 减去纸条上的数，写在另一张纸条上，把这纸条装在信封里交给第四人。

第四人收到纸条之后，再一次把纸条上的数改写为它的倒数，写在另一张纸条上，再装入信封交给第五人。

第五人看了纸条后，用 1 减去纸条上的数，写在另一张纸条装在信封里交给第六人。

第六人收到纸条之后，又把纸条上的数改写为它的倒数，写在另一张纸条上，再装入信封交给第七人。

第七人看了纸条后，用 1 减去纸条上的数，把这纸条装在信封里交回第一人。

你看多奇怪，第一人收到的纸条上的数正好就是他原来写下的那个数。例如，设第一人原来写的数是 6；第二人把它变为倒数 $\frac{1}{6}$；第三人变为 $1-\frac{1}{6}=\frac{5}{6}$；第四人再把它变为倒数 $\frac{6}{5}$；第五人变为 $1-\frac{6}{5}=-\frac{1}{5}$；第六人再把它改为倒数 -5；第七人变为 $1-(-5)=6$。

这个六道轮回游戏是有规律的，如果用 $m(m\neq0，1)$ 表示第一人所写的数，那么以后各人所写的数依次是：

第二人把 m 变为 $\frac{1}{m}$；

第三人变为 $1-\frac{1}{m}=\frac{m-1}{m}$；

第四人再变为 $\frac{m}{m-1}$；

第五人变为 $1-\frac{m}{m-1}=\frac{-1}{m-1}=\frac{1}{1-m}$；

第六人再变为 $1-m$；

第七人变为 $1-(1-m)=m$。

这个游戏不仅渗透了佛教的思想，而且有现代数学的背景，它不仅与射影几何中的交比有关，而且还与群论有关。

令六个数的集合：

$$M=\left\{m，\frac{1}{m}，1-m，\frac{1}{1-m}，\frac{m-1}{m}，\frac{m}{m-1}\right\}$$

为了书写的方便，我们把 M 中的数简记为：

$$a=m，b=\frac{1}{m}，c=1-m，d=\frac{1}{1-m}，e=\frac{m-1}{m}，f=\frac{m}{m-1}$$

现在在集合 M 中定义一个乘法 $\otimes$：M 中两个数 $a\otimes b$ 的积是把第一个数

a 中的 m 用第二个数 b 代替后所得到的结果。例如：

$$a\otimes e=m\otimes\frac{m-1}{m}=\frac{m-1}{m}=e$$

$$c\otimes d=(1-m)\otimes\frac{1}{1-m}=1-\frac{1}{1-m}=\frac{-m}{1-m}=\frac{m}{m-1}=f$$

我们证明，对于这个乘法 $\otimes$，M 是一个群。

为此，对 M 的元素按乘法作出乘法表：

$\otimes$	a	b	c	d	e	f
a	a	b	c	d	e	f
b	b	a	d	c	f	e
c	c	e	a	f	b	d
d	d	f	b	e	a	c
e	e	c	f	a	d	b
f	f	d	e	b	c	a

由乘法表不难直接验证：

(1)M 中任意两个数的乘积仍在 M 中，即 M 对于乘法封闭。

(2)M 的乘法 $\otimes$ 实际上只是有理数的单向代入后的四则运算，当然满足结合律。

(3)由乘法表的第一行和第一列直接看出 $a\otimes x=x\otimes a=x$，$a=m$ 是 M 的单位元。

(4)由表知，$a\otimes a=b\otimes b=c\otimes c=f\otimes f=e\otimes d=d\otimes e=a$（单位元），$a$，$b$，$c$，$f$ 的逆元是它们本身，e 与 d 则互为逆元。

群的四个条件都已满足，所以 M 是一个群。

利用中国古老的易卦同样可以构造一道类似于六道轮回的游戏。

为此我们先规定两种变卦的方法。任意取一个卦，用 1，2，3，4，5，6 表示本卦的六个爻(代表爻的本身，不是指爻位)。如图 1 所示：

(1)把一个卦倒转过来变成一个新卦，称为倒转；

(2)把一个卦上卦的上爻向下移动变为下卦的上爻，把下卦的下爻向上移动变为上卦的下爻，即把第一爻放到了第四爻位，第六爻放到了第三爻位，这样也得到一个新卦，称为交换。

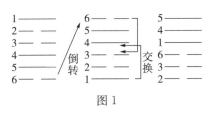

图 1

用易卦玩六道轮回游戏同样由 7 人进行,玩法规则如下:

第一人任取一个(除乾卦和坤卦)卦①,称为本卦。

第二人将①倒转变为卦⑥;

第三人将⑥交换变为卦⑤;

第四人将⑤倒转变为卦②;

第五人将②交换变为卦③;

第六人将③倒转变为卦④;

第七人将④交换变回卦①。

六次变卦后即开始循环,如图 2 所示:

图 2

给定了一个本卦,由图 2 的变换得到六个确定的卦①,⑥,⑤,②,③,④,把它们的集合记作

$$A=\{①,⑥,⑤,②,③,④\}$$

注意到 A 中卦①的最上一爻为 1,卦②的最上一爻为 2,…,卦⑥的最上一爻为 6,所以我们干脆用

$$A=\{1,2,3,4,5,6\}$$

表示图 2 中六卦而不会引起混淆。并规定 A 的一个乘法 $\otimes$ 如下:

若 $i,j\in A$,将数字 $i,j(i,j=1,2,3,4,5,6)$ 做普通乘法,设 $i\times j\equiv k(\bmod 7)$,则 $i\otimes j=k$。

例如:$3\times6=18\equiv4(\bmod 7)$,所以 $3\otimes6=4$;

$2\times5=10\equiv3(\bmod 7)$,所以 $2\otimes5=3$。

根据乘法$\otimes$的定义，不难写出 A 的乘法表：

$\otimes$	1	2	3	4	5	6
1	1	2	3	4	5	6
2	2	4	6	1	3	5
3	3	6	2	5	1	4
4	4	1	5	2	6	3
5	5	3	1	6	4	2
6	6	5	4	3	2	1

由乘法表知，A 的乘法$\otimes$封闭。数的乘法满足结合律，在模 7 上的算术同样满足结合律，所以 A 的乘法$\otimes$满足结合律。显然 1 是 A 的单位元。2 与 4，3 与 5 互为逆元，而 1，6 则分别是自己的逆元。由于群的四个条件均能满足，故 A 是一个群。

变化有术谈拓扑

　　《西游记》里描写的人物大多善于变化，他们摇身一变，就从一种形态变成了另一种形态。

　　齐天大圣孙悟空能七十二变，他可以随心所欲地变成苍鹰、游鱼、老虎、龙王等。但是他不能让自己同时变成两个分离的东西，例如他要在瑶池里偷酒，无奈那些管事的人都在旁边，不好下手，于是他变出了几个瞌睡虫爬在众人脸上，使那伙人"手软头低，闭眉合眼"，都睡着了，孙悟空便可毫无顾虑地开怀畅饮。但是孙悟空不能同时使自己变成几个虫子，而是弄个神通，把毫毛拔下几根分别变成的。又例如孙悟空被二郎神追得急了，把自己变成一座土地庙，但不能让尾巴分开变成别的东西，只好变作一根旗竿连接插在庙后，导致被二郎神识破。

　　其实孙悟空虽然善变，但是从数学的角度看，大多是拓扑变换。两个几何形体属同一个拓扑型，是指一个形体能够经过拉伸、挤压或扭曲（但不许切开和黏合），直到它看来正好像是另一个。如面包圈和咖啡杯在拓扑上是等价的，因为能够设想拉开咖啡杯的把手，同时收缩杯子部分，直到它整体上成为一个环，就像面包圈了（参看图1）。

图1　咖啡杯也可变成面包圈

　　猪八戒比较低能，他由猪变人，整体上使用了拓扑变换，但是一些局部的变化却可能只限于一些相似变换。在相似变换下，只能改变物体的大小，但不能改变物体的形状。猪八戒的耳朵又长又大，在拓扑变换下，可以通过压缩、捏合等办法，变得和普通人的耳朵一样。

在数学的意义下什么叫拓扑变换呢？

一个几何图形 A 到另一个图形 A' 的拓扑变换，是指 A 的点 P 和 A' 的点 P' 之间具有下列两个性质的对应

$$P \longleftrightarrow P'$$

(1)对应是一对一的。这意思是说，A 的每一个点 P 正好对应着 A' 的一点 P'，反之也是如此。

(2)对应是双向连续的。这意思是说，如果任取 A 的两点 P，Q，且移动 P 使得它和 Q 的距离趋于零，那么 P，Q 在 A' 中的对应点 P'，Q' 之间的距离也将趋于零，反之也是这样。

对于每一个由几何图形 A 通过拓扑变换变成的图形 A' 中能保持不变的几何性质，就称为 A 的拓扑性质，拓扑学则是研究图形的拓扑性质的几何学分支。我们可以想象一个制图员，他是一个新手，"徒手"临摹一个图形，尽管认真，但他还是把直线画弯了，而且角度、距离和面积也走了样，这样，虽然原图形的度量性质和射影性质消失了，但它的拓扑性质却保持未变。

一般拓扑变换最直观的例子是形变，想象一个图形，比如球或三角形，是由薄橡皮片做的，或画在橡皮薄片上的，然后不管用什么方法将其拉长或扭弯，但不能划破和使不相同的点重合起来(使不同的点重合违背了条件(1)，划破橡皮片违背条件(2)，因为沿划破处的一条线的两侧的两个点不能相对地趋于重合，而原图上对应的两个点却能趋于重合)，那么图形的最后状态就是原图形的一个拓扑变换的结果。一个三角形可以形变为任何其他的三角形，或圆，或椭圆，从而这些图形恰好有相同的拓扑性质。

图2　拓扑等价曲面(形变)

但是，圆不能形变为一条线段，球面不能形变为内胎形的曲面。

拓扑变换的一般概念要比形变的概念更广泛。例如，在形变的时候，先将图形剪开，经形变后，再把用剪刀分开的两条边像原来一样地缝起来，这过程仍确定原图形的一个拓扑变换，但不再是形变了(参看图3)。

图3　非拓扑等价曲面

研究图形的拓扑性质的数学分支称为拓扑学。拓扑性质在许多数学研究中具有极重要的地位，因为它们在最急剧的形状变化下能保持不变，所以，在某种意义上，它们是所有几何性质中最深刻最基本的东西。

拓扑学中有许多有趣的匪夷所思的现象。

像图4那样的"袖套"，它有两个面——外面和内面，如果有一只甲虫要想从一面爬到另一面，必定要越过"袖套"的边缘才行。但是，将图4那样的"袖套"剪断，然后把一端扭转过来再黏合在一起，就成了图5那样的"袖套"，它是单面的，一个甲虫可以爬遍"袖套"的任何一个地方而不需越过边缘。

图4　　　　　　　　　　　图5　默比乌斯带

图5这种圈称为默比乌斯带，它是德国数学家默比乌斯于1858年发现的。默比乌斯带是"拓扑学"这一数学分支研究的对象。

默比乌斯带有许多有趣的性质：

(1)一个甲虫从带上任一点 A 出发，可以不越过默比乌斯带的边缘到达带上 A 背面的 A' 点。

（2）用剪刀沿默比乌斯带的中央把纸带剪开，得到的并不是两个分离的圈，而是一个扭转得更厉害些的双侧曲面，如图 6 所示。如果把这个圈再沿中央剪开，就不再是一个圈，而是得到两个互相串连的带，如图 7 所示。

图 6 图 7

别看默比乌斯带的样子很奇怪，但它在工业上却有许多特殊的用途。例如，默比乌斯带作为汽车风扇或机械设计的传动带，在工业上就有特殊的重要性，它和传统的传动带相比，在磨损方面，显得更加均匀。又据国外报道，化学家已经合成了结构与默比乌斯带类似的大分子有机化合物，这一新兴的边缘学科叫做"化学拓扑学"。

另一位著名的德国数学家克莱因设计了一种拓扑模型，这种模型是一个瓶子，但它没有外部和内部的区别，如果往里头注水，那么水将从同一个洞里溢出（如图 8 所示）。

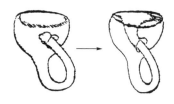

图 8

默比乌斯带与克莱因瓶之间有着密切的联系，如果把克莱因瓶沿着它的对称线切成两半，那么就得到两条默比乌斯带（如图 9 所示）。

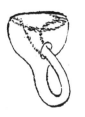

图 9

在拓扑学的奇异世界中，形状、距离等概念没有多大的实际意义，例如图 10 的 A 可以变成 B：

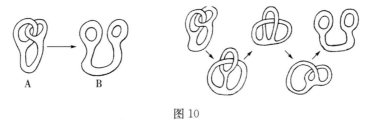

图 10

尾巴无奈变旗竿

《西游记》第六回描写孙大圣与二郎神斗法时，孙大圣见本营中妖猴惊散，自觉心慌，无心恋战，急急忙忙要变形逃走。他时而变作麻雀儿，时而化为鱼儿、水蛇、花鸨，但都被二郎神一一识破，脱身不得。最后，猴子摇身一变，变成一座土地庙儿：大张着口，似个庙门；牙齿变做门扇，舌头变做菩萨，眼睛变做窗棂。只有尾巴不好收拾，竖在后面，变做一根旗竿。二郎神随后赶来，举目四望，再也找不到那猢狲，只见一间小庙孤立在山崖之下。二郎神正捉摸不定，忽然看到庙后的旗竿，笑道："是这猢狲了！他今又在那里哄我。我也曾见庙宇，更不曾见一个旗竿竖在后面的。断是这畜生弄喧！他若哄我进去，他便一口咬住。我怎肯进去？等我掣拳先捣窗棂，后踢门扇！"孙大圣听了，心惊肉跳，知道伪装已被识破。于是，扑的一个虎跳，小小的庙宇又无影无踪了。

正像猴子最终没有变成人一样，尾巴不好变，对于孙悟空也许是最糟糕的事情，但是在数学中出现这种"不变"的东西却可能是很有用的现象。数学中利用不变量来解题，是极为普遍而重要的一种思想。

我们先玩一个数学魔术：

请一位观众在心中秘密认定一个三位数（也可以是一位数、两位数），并把该数乘以 1667，然后请他说出乘积的最后几位数字，即是说：如果他所想的秘密数是一位数，那就透露积的末位数字；如果他所想的秘密数是两位数，那就透露积的末两位数字；余可类推。于是你便能在几秒内把他想的那个秘密数"揪出来示众"。

你知道窍门在哪里吗？

因为 $1667\times3=5001$，当观众把他所想的秘密数乘以 1667 之后，你将乘积再乘以 3，即相当于把秘密数乘了 5001，所得乘积的末三位数，仍然是秘密数的末三位数。所以，你只要把通报给你的乘积末尾数乘以 3（报几位就在积的尾巴上截取几位）。由于乘 3 的运算非常简易，所以要不了几秒，你就能把尾巴上的几位数心算出来了。1667 是这类乘数中的佼佼者，因为这个魔术暗示我们，可以把乘数任意拉长，例如 16667 等，使得猜数戏法更为精彩。

这一数学"魔术"就是立足于尾巴上的数不会变的基础之上的。

古印度数学家摩诃毗罗（公元 9 世纪）提出了一道著名的"黑蛇进洞"问题，几乎所有的中小学生趣味数学读物都收入了这道题：

一条长 80 安古拉（安古拉是古印度长度单位）的大黑蛇，以 $\frac{5}{14}$ 天爬 $7\frac{1}{2}$ 安古拉的速度爬进一个洞，而蛇尾每 $\frac{1}{4}$ 天却要长出 $\frac{11}{4}$ 安古拉。请问这条黑蛇需要几天才能完全爬进洞？

解 这道题不难列出一元一次方程求解。但用算术方法求解也很方便，只要把大黑蛇尾巴的增长去掉，能当成"不变"就好办了。

因为大黑蛇的尾巴每 $\frac{1}{4}$ 天长 $\frac{11}{4}$ 安古拉，所以 1 天长出 $\frac{11}{4}\div\frac{1}{4}=11$（安古拉），将大黑蛇 1 天爬进洞的距离抵消这一数字，则可以看作尾巴不增长了。因为黑蛇 $\frac{5}{14}$ 天爬 $7\frac{1}{2}$ 安古拉，所以 1 天爬进 $\frac{15}{2}\div\frac{5}{14}=21$（安古拉），黑蛇 1 天恰好爬进 $21-11=10$（安古拉）。$80\div10=8$（天），即这条黑蛇需要 8 天才能完全爬进洞里。

在许多特定的数的运算中利用"尾部不变"的性质，能制造出许多有趣味性的数学问题，如以下例题。

例1 有趣的数塔

(1)
1×63	63
121×63	7623
12321×63	776223
1234321×63	77762223
123454321×63 =	7777622223
12345654321×63	777776222223
1234567654321×63	77777762222223
123456787654321×63	7777777622222223
12345678987654321×63	777777776222222223

这类数塔是怎样造出来的？例如其中的第5行是这样得到的：

$$77777×(100000-1)=7777700000-77777=7777622223$$

$$77777×99999=7×9×(11111×11111)=123454321×63$$

(2) $121=11×11$

$12321=111×111$

$1234321=1111×1111$

$123454321=11111×11111$

$12345654321=111111×111111$

$1234567654321=1111111×1111111$

$123456787654321=11111111×11111111$

$12345678987654321=111111111×111111111$

(2)的来源是 $11\cdots1×11\cdots1$(两因数各由 n 个1组成)的竖式乘法：

```
        1 1 …        1
    ×) 1 1 …        1
   ─────────────────────
        1 1 …      1 1
      1 1 1 …      1
        ⋮            ⋮
    1 …    1
    1 1 … 1 1
   ─────────────────────
    1 2…(n-1)n(n-1)…2 1        1≤n≤9
```

例2 奇怪的八元群

考虑集合：

$S=\{46875，96875，21875，71875，90625，40625，15625，65625\}$

这个集合中有8个元素，每个元素都是一个五位数。现在我们给这个集合定义一个乘法，为了与普通乘法区别，我们用记号$\otimes$来表示，其意义是：若 a 和 b 是 S 的两个元素，先按普通乘法相乘，得出乘积后截取其 5 位尾数作为 $a\otimes b$ 的乘积，即

$$a\otimes b\equiv a\times b(\mathrm{mod}\ 10^5)，a，b\in S$$

例如：$46875\otimes 65625\equiv 46875\times 65625(\mathrm{mod}\ 10^5)\equiv 3076171875(\mathrm{mod}\ 10^5)=71875$；

$21875\otimes 40625\equiv 21875\times 40625(\mathrm{mod}\ 10^5)\equiv 888671875(\mathrm{mod}\ 10^5)=71875$。

作出 S 的乘法表：

$\otimes$	90625	40625	15625	65625	46875	96875	21875	71875
90625	90625	40625	15625	65625	46875	96875	21875	71875
40625	40625	90625	65625	15625	96875	46875	71875	21875
15625	15625	65625	40625	90625	21875	71875	96875	46875
65625	65625	15625	90625	40625	71875	21875	46875	96875
46875	46875	96875	21875	71875	65625	15625	90625	40625
96875	96875	46875	71875	21875	15625	65625	40625	90625
21875	21875	71875	96875	46875	90625	40625	15625	65625
71875	71875	21875	46875	96875	40625	90625	65625	15625

从这个乘法表中我们看到：

(1)S 中任何两个元素的乘积仍旧是 S 中的元素，即 S 对于它的乘法是封闭的。

(2)任取 S 的三个元素，例如：

$21875\otimes(46875\otimes 15625)=21875\otimes 21875=15625$；

$(21875\otimes 46875)\otimes 15625=90625\otimes 15625=15625$。

可知 S 的乘法$\otimes$满足结合律。

根据乘法表的对称性，知 S 的乘法还满足交换律。

(3)从乘法表中的第一行和第一列可以看出：90625 与 S 中任何一个元素 a 相乘，都有 $90625\otimes a=a\otimes 90625=a$，所以 90625 是 S 的幺元（单位元）e，对 S 中的任一元素 a，都有 $e\otimes a=a\otimes e=a$。

（4）从乘法表中可以看到：

$90625 \otimes 90625 = 90625$；

$46875 \otimes 40625 = 96875$；

$15625 \otimes 65625 = 65625 \otimes 15625 = 90625$；

$46875 \otimes 21875 = 21875 \otimes 46875 = 90625$；

$71875 \otimes 96875 = 96875 \otimes 71875 = 90625$。

由此可见，S 中每一个元素都有逆元。即对任一 $a \in S$，S 中有元素 a'（可能是 a 本身），使 $a \otimes a' = a' \otimes a = e$。

根据群的定义，可知集合 S 对于乘法 $\otimes$ 作成一个交换群。

（5）从乘法表中还可以算出：

$21875^1 = 21875$；$21875^2 = 15625$；$21875^3 = 96875$；$21875^4 = 40625$；

$21875^5 = 71875$；$21875^6 = 65625$；$21875^7 = 46875$；$21875^8 = 90625$。

由此可见，21875 是 S 的生成元。当然 S 还可以由别的元生成。

有趣的是，集合 S 的乘法是建立在数的普通乘法的基础上的，S 中的元素的乘积还在集合 S 中。

高超的克隆技术

《西游记》第二十七回写孙悟空三打白骨精后，唐僧听信了猪八戒的谗言冷语，说孙行者有意打杀了三个好人，要把孙行者赶走。孙行者虽然多方解释，恳求师父不要赶他，但唐僧执迷不悟，又是念紧箍咒，又是写贬书，硬要把孙行者赶走。孙行者无奈，只好挥泪告别。临行时请师父受他一拜，但唐僧转身不予理睬，口里还唧唧哝哝地说："我是个好和尚，不受你歹人的礼!"大圣见他不睬，又使个身外法，把脑后毫毛拔了三根，吹口仙气，叫声"变!"，马上变成三个与自己一模一样的行者，连本身四个，四面围住师父下拜。那唐僧左右躲不脱，好歹也受了一拜。你看，那孙行者拔了自己三根毫毛，只喝一声"变"，马上复制出了三个一模一样的行者，这不是一种又高级又简便的"克隆"技术吗?

其实在处理数学问题时，也常常会遇到使用"克隆"技术的时候。例如下面这个问题：

在半径为 R 的圆内作一个内接正三角形，在这个正三角形内作一个内切圆，在第二个圆内作一个内接正三角形，如此无限作下去，试求所有圆面积之和及所有正三角形面积之和。

分析　图 1 是一个圆和一个正三角形无限克隆所得的图形。

(1)第一个圆的半径是 R，则第二个、第三个、第四个……圆的半径依次是 $\dfrac{R}{2}$，$\dfrac{R}{2^2}$，$\dfrac{R}{2^3}$，…，故所有圆的面积之和为：

图 1

$$A = \pi R^2 + \pi \left(\frac{R}{2}\right)^2 + \pi \left(\frac{R}{2^2}\right)^2 + \cdots$$

$$= \left(1 + \frac{1}{2^2} + \frac{1}{2^4} + \frac{1}{2^6} + \cdots\right)\pi R^2$$

$$= \frac{1}{1 - \frac{1}{4}}\pi R^2 = \frac{4}{3}\pi R^2$$

(2)对于内接正三角形而言，因为第一个内接正三角形边长为 $2R\cos 30° = \sqrt{3}R$，

第二个正三角形边长为 $\frac{\sqrt{3}}{2}R$，

第三个正三角形边长为 $\frac{\sqrt{3}}{2^2}R$，

……

故所有圆内接正三角形面积之和为

$$B = \frac{\sqrt{3}}{4}(\sqrt{3}R)^2 + \frac{\sqrt{3}}{4}\left(\frac{\sqrt{3}}{2}R\right)^2 + \frac{\sqrt{3}}{4}\left(\frac{\sqrt{3}}{2^2}R\right)^2 + \cdots = \sqrt{3}R^2$$

现在我们看一个更复杂一点的例子，有一年数学家为国际数学奥林匹克竞赛提供了一道备选试题：

例1 求出最小的自然数 n，使得只要 m 是一个不小于 n 的自然数，就一定可把一个正方形划分为 m 个正方形（正方形的大小可以不相等）。

分析 我们先指出下面两个显而易见的事实：

(1)任何一个正方形总可以像图2那样，用对边中点的连线划分为4个正方形。因此，如果已经把一个正方形划分成了 k 个正方形，那一定可以把它再继续划分为 $(k+3)$ 个正方形。因为只要在这 k 个正方形中任取一个把它按图2那样分裂成4个小正方形就可以了。

(2)当 $k \geqslant 2$ 的时候，总可以把一个正方形划分为 $2k$ 个正方形。理由如下：如图3所示，把一个正方形各边分成 k 等份，将对边的 k 个分点连接起来，就把原正方形分成了 k^2 个小正方形，再把左上角的 $(k-1)^2$ 个小正方形合成一个，恰好得到 $2k$ 个正方形。

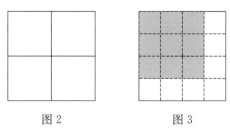

图 2   图 3

把(1)(2)两条结合起来，分别令 $k=2$，3，4，根据(2)，我们可以把一个正方形分成 4 个，6 个，8 个小正方形。再根据(1)，就可以把一个正方形逐次分成小正方形的数量为：

$$4,\quad 7,\quad 10,\ 13,\ 16,\ \cdots$$
$$6,\quad 9,\quad 12,\ 15,\ \cdots$$
$$8,\quad 11,\quad 14,\ 17,\ \cdots$$

可以看出，只要 $n\geqslant6$，总可以把一个正方形分成 n 个正方形。

根据归纳原理，对一切 $n\geqslant6$ 的自然数，命题的结论都成立。后来人们便把这个例子规范为"跳跃数学归纳法"的典型例题。

1972 年国际数学奥林匹克竞赛有一道正式试题：

例 2 证明：对于 $n\geqslant4$，每一个有外接圆的四边形，总可以划分为 n 个都有外接圆的四边形。

数学家在解决数学问题时，总是从简单到复杂，从特殊到一般。我们先考虑一些有外接圆的特殊四边形：

最特别的四边形是矩形。矩形是有外接圆的，对于矩形，我们总可以用一条平行于一边的直线分出一个矩形来，使得两个矩形都有外接圆。

题目中所给的有外接圆的四边形是任意的，当然不一定是矩形；退而求其次，等腰梯形也是有外接圆的四边形。如图 4 所示，用平行于底边的直线，也可以分出一个新的有外接圆的等腰梯形：

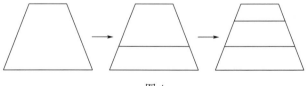

图 4

但是题目中所给的四边形也不一定是等腰梯形，于是我们再退而求其次，希望把一个有外接圆的四边形分成 4 个有外接圆的四边形，并且其中有一个是矩形或等腰梯形。

如图 5 所示，要分出一个矩形，一般来说不大可能。如果本题有解，我们唯一的希望就是能从中分出一个等腰梯形。这可能吗？让我们分析一下：

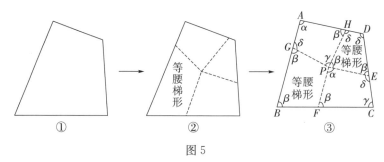

图 5

如图 5③，设 $ABCD$ 是一个有外接圆的四边形，现在分成了 4 个都有外接圆的四边形：$AGPH$，$GBFP$，$PFCE$，$PEDH$，其中的四边形 $GBFP$ 是等腰梯形。分别记四边形 $ABCD$ 的 4 个内角为 α，β，γ，δ。因为四边形 $GBFP$ 是等腰梯形，就应该有 $PF\,/\!/\,AB$，$\angle PGB=\angle B=\beta$，$\angle PFC=\beta$。由于四边形 $PFCE$ 内接于圆，又应有 $\angle PEC=\delta$，$\angle EPF=\alpha$。又由于四边形 $AGPH$ 内接于圆，应有 $\angle AHP=\beta$，$\angle HPG=\gamma$，$\angle AGP=\delta$。于是我们发现了把四边形 $ABCD$ 分解成图 5③的方法。

在四边形 $ABCD$ 内取一适当的点 P，过点 P 分别作 $PF\,/\!/\,AB$，$PE\,/\!/\,AD$，分别交 BC 于点 F，交 CD 于点 E。再从点 P 作 PG 交 AB 于点 G，使 $\angle PGA=\delta$；作 PH 交 AD 于点 H，使 $\angle PHA=\beta$，则 4 个四边形 $AGPH$，$BFPG$，$CEPF$，$DHPE$ 都有外接圆，并且其中的四边形 $BFPG$ 和 $DHPE$ 都是等腰梯形。

当 $n=4$ 的时候，如图 6 所示，我们已经能把一个有外接圆的四边形分成 4 个也有外接圆的四边形。当 $n>4$ 的时候，只要在等腰梯形 $GBFP$ 内，作一些平行于底边 BG 的直线，就把四边形 $ABCD$ 分成了 n 个都有外接圆的四边形。题目至此就全部解决了。

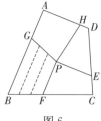

图 6

如来佛的掌心

《西游记》第七回中写到孙悟空被绑在降妖柱上，刀砍斧剁、枪刺剑刿，孙悟空却丝毫无损。于是太上老君把他塞进八卦炉，想用文武火把他炼成丹，不但未能如愿，反被大圣巧妙逃脱。猴王出炉后，掣出如意棒，大打出手，一直打到灵霄殿外。众神都拿他没有办法。玉皇大帝只得请来如来佛祖。如来佛祖与孙悟空打赌：若孙悟空有本事能一筋斗翻出他的手掌心，就把天宫让给孙悟空，玉帝走人；若不能翻出他的手掌心，则仍下界为妖，继续修行，不得再来捣乱。结果孙悟空始终没有跳出如来佛祖的掌心，反被如来佛祖翻掌一扑，把他推出西天门外，将五指化作金、木、水、火、土五座联山，唤名"五行山"，把猴子压在山下，再也不得出来。

金、木、水、火、土五座联山竟然如此厉害！

五行即金、木、水、火、土，它是我国古人对宇宙长期观察的一种认识。如《尚书大传》说："水火者，百姓之所饮食也；金木者，百姓之所兴作也；土者，万物之所资生，是为人用。"这是古人最初对五材的认识，而五行学说是在五材的基础上，进一步引申到一切事物，宇宙间所有事物都是按五行运动变化的模式生成的。

按照传统的说法，"五行"相生相克，相生之序为木生火，火生土，土生金，金生水，水生木；相克之序为木克土，土克水，水克火，火克金，金克木。这是两个循环过程。如果将"五行"列成一个圆环，五行的相生关系依次用实线表示，构成圆内接正五边形。相克关系，用虚线表示，构成一个圆内接正五角星形。用数学方法可以证明，具有生克两种循环过程的系统——五行系统，是最简单也是最完美的系统。

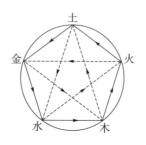

图 1　五行相生相克

现在我们来研究几个与图 1 有关的数学问题。

1. 与五行联系的太极图

中国古老的太极图非常神秘而美丽，人们用各种数学方法设计太极图的造型。我们试用五行生克图来制作太极图。如图 2 所示，作正五边形 $ABCDE$ 及其外接圆，圆心为点 O，令点 A(土)，B(金)，C(水)，D(木)，E(火)依次表示正五边形的五个顶点，反映其相生相克关系。AA' 为垂直于 CD 的直径。以 $\triangle OAE$ 的外心 P 为圆心，作 $\triangle OAE$ 的外接圆，并在其上取劣弧 $\overset{\frown}{OE}$。将 $\triangle OAE$ 以点 O 为中心，逆时针旋转 $180°$，即取得关于点 O 的中心对称图形，则 $\triangle OAE$ 旋转至 $\triangle OA'E'$，$\triangle OAE$ 的外心 P 旋转至点 Q，$\overset{\frown}{OE}$ 旋转至 $\overset{\frown}{OE'}$，两段圆弧在点 O 连接成曲线 $E'OE$，即为大圆的 S 分界线。在 P，Q 两点画出阴阳鱼眼，即得五行太极图。

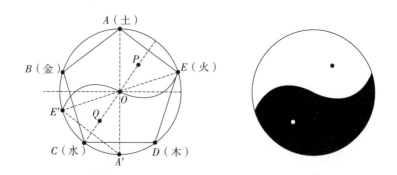

图 2　五行太极图

现在我们来计算 S 分界线的方程及阴阳鱼眼的坐标。

如图 3 所示，以 O 为原点，OA 为 y 轴建立平面直角坐标系，并设大圆的半径 $OA=1$。则各点的坐标分别为 $A(0,1)$，$O(0,0)$，$E\left(\cos\dfrac{\pi}{10},\ \sin\dfrac{\pi}{10}\right)$，$P(a,b)$，$Q(-a,-b)$。

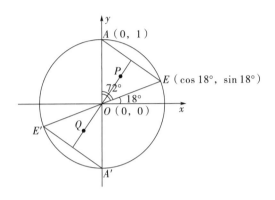

图 3

于是由 $OP=AP=PE$，有：

$$(a-0)^2+(b-0)^2=(a-0)^2+(b-1)^2 \qquad ①$$

$$(a-0)^2+(b-1)^2=\left(a-\cos\frac{\pi}{10}\right)^2+\left(b-\sin\frac{\pi}{10}\right)^2 \qquad ②$$

由①得 $b=\dfrac{1}{2}$，由②得 $a=\dfrac{1-\sin\dfrac{\pi}{10}}{2\cos\dfrac{\pi}{10}}$，从而两个阴阳鱼眼的坐标为：

$$P\left(\frac{1-\sin\dfrac{\pi}{10}}{2\cos\dfrac{\pi}{10}},\ \frac{1}{2}\right),\ Q\left(-\frac{1-\sin\dfrac{\pi}{10}}{2\cos\dfrac{\pi}{10}},\ -\frac{1}{2}\right)$$

S 分界线的方程为：

$$\begin{cases}\left(x-\dfrac{1-\sin\dfrac{\pi}{10}}{2\cos\dfrac{\pi}{10}}\right)^2+\left(y-\dfrac{1}{2}\right)^2=\left(\dfrac{1}{2+2\sin\dfrac{\pi}{10}}\right)^2 & \left(0\leqslant x\leqslant\cos\dfrac{\pi}{10}\right),\\[4mm] \left(x+\dfrac{1-\sin\dfrac{\pi}{10}}{2\cos\dfrac{\pi}{10}}\right)^2+\left(y+\dfrac{1}{2}\right)^2=\left(\dfrac{1}{2+2\sin\dfrac{\pi}{10}}\right)^2 & \left(-\cos\dfrac{\pi}{10}\leqslant x\leqslant0\right)\end{cases}$$

2. 黄金比与等角螺线

去掉图 1 中的箭头和外圆，改对角线的虚线为实线，即得图 4，在图 4 中，存在着许多黄金三角形和黄金比。

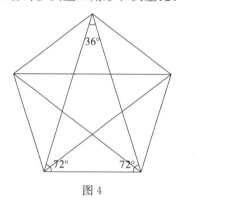
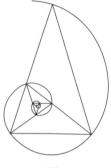

图 4   图 5

黄金三角形是一个等腰三角形，它的顶角为 36°，每个底角为 72°，它的腰与它的底成黄金比。当底角被平分时，角平分线分对边也成黄金比，并形成两个较小的等腰三角形。这两个较小的等腰三角形之一相似于原三角形，而另一三角形可用于产生螺旋形曲线，平分新的黄金三角形的底角并继续这样的过程，会产生一系列黄金三角形，并形成一条等角螺线（图 5）。

雅科布·伯努利是 17 世纪瑞士巴塞尔著名的伯努利数学家族中的重要成员，他对数学领域的许多分支都作出过重要的贡献。他于 1691 年发表了一篇关于极坐标的文章，开创了系统使用极坐标的先例。他对一系列特殊的曲线进行了研究，特别是对对数螺线（又名等角螺线）有深入的研究。这是一种十分美妙而奇特的螺线，在生物界中到处都可以看到这种螺线，如鹦鹉螺壳、向日葵种子排列、牵牛花嫩芽、菠萝的瘤状物等。他还发现，对数螺线有许多美妙的性质：它的渐屈线和渐伸线都是对数螺线；以极点为发光点经过对数螺线的反射后得到无数反射线，与所有反射线相切的曲线叫回光线，这些回光线也是对数螺线。对此，他十分惊叹和欣赏。他对对数螺线情有独钟，临终前特地嘱咐，要求在他的墓碑上刻上对数螺线，并附以简洁而又含义双关的碑文：

"纵然改变，依然故我！"

3. 遍插茱萸少一人

王维《九月九日忆山东兄弟》诗云：

> 独在异乡为异客，每逢佳节倍思亲。
>
> 遥知兄弟登高处，遍插茱萸少一人。

如图 6，在地上画一个大的正五角星，在 10 个顶点处都有一个小洞，每一个小洞里可以插一枝茱萸。现在要求你从一个顶点出发，沿一条直线（不许转弯）连数 2 步，在到达的那个顶点处插一枝茱萸。然后再从一空白点出发，又沿直线走 2 步，在到达的顶点处插下第二枝茱萸，如此继续，尽可能多地插下茱萸。例如，开始从点 A 出发，数 2 步到点 B，在点 B 处插下一枝茱萸，第二次又从点 C 出发，数 2 步到达点 A，在点 A 处插下第二枝茱萸，如此继续下去，一直到无法再插下一枝茱萸为止。

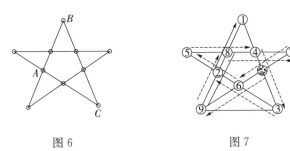

图 6   图 7

于是你会看到一个有趣的现象：不管你怎样插，最多只能插下 9 枝，总无法使 10 个顶点都插下一枝茱萸。而且，要想插下 9 枝，也不是随随便便就可以办到的，一定要遵循一个原则，即上一次出发的空白点，一定要作为下一次插下茱萸的点。

从六个强盗谈拉姆齐数

《西游记》从第十四回开始，孙行者正式开始了保护唐僧去西天取经的生涯。师徒离了陈姓老汉的家，走了一段路程，忽见路旁唿哨一声，闯出六个强盗拦住去路，唬得那唐三藏魂飞魄散，跌下马来，不能言语。孙行者却把这六个强盗尽皆打死。唐三藏见了，便训斥孙行者道："你十分撞祸！他虽是剪径的强徒，就是拿到官司，也不该死罪；你纵有手段，只可退他去便了，怎么就都打死？……全无一点慈悲好善之心！"可是这猴子一生受不得人气，他见三藏只管绪绪叨叨，按不住心头火发道："你既是这等，说我做不得和尚，上不得西天……我回去便了！"将身一纵，说一声"老孙去也！"。三藏急抬头，早已不见。

孙悟空要保唐僧取经，任重道远，沿途九九八十一难，基本上都是与妖魔鬼怪打交道。唯独这第一次却不是对妖，而是对人。对于这六个人，我想到一个著名的数学竞赛试题。

1947 年有一道数学竞赛题：

证明：在世界上任何 6 个人中，一定可以找到 3 个互相认识的人，或者 3 个互相不认识的人。

这个令人感到匪夷所思的结论，利用抽屉原理却很容易证明。

证明　用 A，B，C，D，E，F 代表 6 个人。从中随便找一个人，例如 A，其余 5 个人中或至少有 3 个与 A 认识，或至少有 3 个与 A 不认识。不妨设有 B，C，D 三人与 A 认识。在互相认识的两人之间连一条线，不认识的两人之间不连线，连接 AB，AC，AD。如果 B，C，D 三点之间已不能连线（如图 1），那么 B，C，D 三人就互相不认识。如果 B，C，D 三点之间还至少

有一条连线 BC（如图 2），那么 A，B，C 三人就互相认识。无论出现哪种情况，都证明了结论成立。

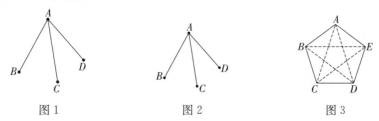

图 1　　　　　　图 2　　　　　　图 3

容易举出反例，如果只有 5 个人，那么结论不能成立。如图 3 所示，A，B，C，D，E 五人中，A，B 两点间连一实线，表示两人认识，A，C 两点间连一虚线，表示两人不认识，则 5 人中没有 3 人互相认识也没有 3 人互相不认识。

下面我们给出另外一个证明：

证明　我们先引进一个用"四象"表示的符号。设 A，B 是平面上的两点，在 A，B 之间连一条实线。其他任意一点 C 与 A，B 两点或者连一实线，或者连一虚线，则连线的情况有且仅有 4 种不同的状态：

C 与 A，B 两点都连实线，记作 $C(\equiv)$，如图 4(a)；

C 与点 A 连实线，但与点 B 连虚线，记作 $C(\equiv)$，如图 4(b)；

C 与点 A 连虚线，但与点 B 连实线，记作 $C(\equiv)$，如图 4(c)；

C 与 A，B 两点都连虚线，记作 $C(\equiv)$，如图 4(d)。

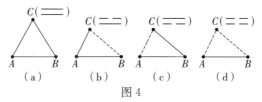

图 4

回到本题的证明。用 6 个点 A，B，C，D，E，F 表示 6 个人，两个认识的人之间连一实线，不认识的两人之间连一虚线。若 6 人中没有两人认识，则命题已经成立。若有 A 与 B 认识，则在 A 与 B 之间连一实线，然后考虑其余四点的各种可能情况：

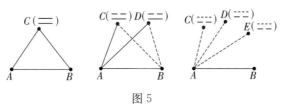

图 5

(1)存在有一点 $C(\equiv)$，则 A，B，C 三人互相认识，命题结论成立。

(2)至少存在两点 $C(\overline{}\overline{})$，$D(\overline{}\overline{})$，若在 C，D 之间连实线，则 A，C，D 三人互相认识；若在 C，D 之间连虚线，则 B，C，D 三人互相不认识。命题结论也成立。若至少存在两点 $C(\overline{}\overline{})$，$D(\overline{}\overline{})$，类似地可证结论成立。

(3)上述两种情况都不出现，即至少有三点 C，D，E 与点 A 连虚线（C，D，E 的"象"上面一爻画作虚线表示该点与 B 的连线不确定，可虚可实），若 C，D，E 之中任何两点连虚线，则有三人互不认识；若三点两两都连实线，则三人互相认识。

综上所述，不论出现哪种情况，命题的结论都成立。

1953 年美国普特南数学竞赛把这个问题抽象化，用数学模式重新作为试题：

空间中 6 点没有 3 点共线，也没有 4 点共面。连接每两点的线段共有 15 条，在这 15 条线段中，把一些线段染成红色，其余的染成蓝色。求证：一定存在一个三角形，它的三边是同色的。

数学中利用图来研究各种关系。下面我们引入完全图的概念。

如果一个 n 个顶点的图的每两个顶点都连线，则称为 n 阶完全图，记作 K_n。例如图 6 就是一个八阶完全图 K_8。

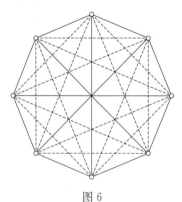

图 6

将一个 n 阶完全图 K_n 的边分别用实线和虚线表示，n 最小要多大，才能保证如果不出现实线的 K_p，就一定出现虚线的 K_q。这个最小的正整数 n 叫做拉姆齐数，记作 $R(p, q)$。

用生活中的语言表示拉姆齐数可以说成：

在一群人中，如果至少有 p 个人互相认识，或 q 个人互相不认识，那么这群人至少有多少人？这个最少数称为拉姆齐数，记作 $R(p, q)$。

计算拉姆齐数是非常困难的。

除了 $R(p, 1)=1$，$R(p, 2)=p$ 这种平凡情形外，我们还知道 $R(3, 3)=6$。

但是当 $p+q \geq 7$ 时，拉姆齐数就不容易求了。例如在八阶完全图图 6 中，既无 K_3，也无 K_4，可知 $R(3, 4)$ 不等于 8，因此

$$R(3, 4) \geq 9 \qquad \text{①}$$

我们来证明 $R(3, 4) \leq 9$。

考虑由 9 个点 A，B，C，D，E，F，G，H，I 构成的完全图 T，若 T 中没有实线，则命题已经成立。

若 T 中有实线，因 T 有奇数个顶点，T 中至少有一个顶点 A 连着偶数条实线（因为若每一顶点都发出奇数条实线，那么奇数个顶点发出的实线数仍为奇数，但每一条实线都在两个顶点中计数，实线的条数总是偶数，矛盾）。不妨设 A 与 B 之间连实线 AB，则如图 7 所示：

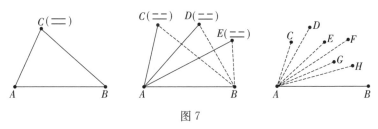

图 7

（1）若存在一点 $C(\equiv)$，则 A，B，C 成为实线 K_3，命题结论成立。

（2）若至少有三点 $C(\overline{})$，$D(\overline{})$，$E(\equiv)$，在 C，D，E 之间有任意两点连实线，则出现实线 K_3；若 C，D，E 三点之间任何两点都连虚线，则出现虚线 K_4。命题结论成立。

（3）若上述两种情况都不出现，则因与点 A 连实线的点为偶数个，除点 B 外又不能再有三点与点 A 连实线，故只有一点与点 A 连实线。于是在点 A，B 以外的七点中，有六点都与点 A 连虚线。前面已经证明，在这六点中，必有实线 K_3 或虚线 K_3 存在。若有实线 K_3，则命题已成立；若有虚线 K_3，则这个 K_3 与点 A 组成虚线 K_4，命题也成立。

综上所述，可知

$R(3，4) \leqslant 9$。

综合①与②，可知 $R(3，4)=9$。   ②

用类似于图 8 所示的方法，还可以确定 $R(3，5)=14$。

若存在一点 C 与 A，B 都连实线，则 A，B，C 成为实线 K_3，命题结论成立。若至少有四点 C，D，E，F 与点 A 连实线，与点 B 连虚线，则在点 C，D，E，F 之间有任意两点连实线时，都与点 A 构成实线 K_3；若任何两点都连虚线，则点 C，D，E，F，B 构成虚线 K_5。命题结论也成立。若上述两种情况都不出现，则因与点 A 连实线的点包括 B 在内最多有 4 个，因此，至少有九点都与点 A 连虚线。由 $R(3，4)=9$ 知，在这九点中，若有实线 K_3，则命题已成立；若有虚线 K_4，则这个 K_4 与点 A 组成虚线 K_5，结论也成立。

又由图 8 知 $R(3，5) \geqslant 14$，所以有 $R(3，5)=14$。

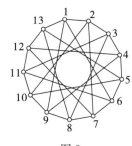

图 8

师徒"三怕"现象

《西游记》第三十八～三十九回写到孙悟空算计猪八戒，让他下到井底捞出已经死了三年的乌鸡国国王，又让猪八戒把水淋淋的尸体驮到唐僧面前，猪八戒很不高兴。唐僧见了国王的尸体十分不忍，流下眼泪。猪八戒便趁机对唐僧说，孙悟空能将死人医活，孙行者说不可能。猪八戒却说，只要师傅肯念紧箍咒，他就一定能医活国王。唐僧果然念起咒来，孙悟空疼痛难忍，一个劲地哀告师傅莫念，可在猪八戒的撺唆下，唐僧不肯停止，直到孙悟空答应去找太上老君求一枚九转还魂丹来救活国王，并保证当天转回之后，三藏才停止。

唐僧唯一的本领是会念紧箍咒，只要他一念紧箍咒，孙行者的头就会剧烈疼痛，无论唐僧要他做什么他都无法抗拒。另一方面，唐僧对猪八戒总是偏听偏信，却不大相信孙行者的话，结果老是上当受害。因此在唐僧、孙行者、猪八戒三人之间就形成了一个"三怕"现象：猪八戒怕孙行者打，他打不赢孙行者；唐僧怕猪八戒进谗言讲鬼话，他分辨不清猪八戒的话是真是假；而孙行者则怕唐僧念咒。

无论在变化无常的人际关系中，还是在动物界弱肉强食的丛林法则里，"三怕"是一种非常普遍的现象。

我们知道，围棋选手按棋技水平分为九段，段位越高，水平越高，在一般情况下，低段位的棋手是不能战胜高段位的棋手的。现在有甲、乙、丙三个围棋队进行比赛，比赛采用循环制，即两队的三名棋手轮流比赛一场，共赛 $3 \times 3 = 9$(场)。如果甲队能胜乙队，乙队能胜丙队，试问：甲队一定能胜丙队吗？回答是不一定。

假设甲、乙、丙三队队员的段位分别如图 1 所示，则：

甲队对乙队：九段胜四、三、八段；五段胜四、三段，甲队胜；

乙队对丙队：八段胜二、七、六段；四、三段胜二段，乙队胜；

丙队对甲队：二段胜一段；七、六段分别胜五、一段，丙队胜。

于是甲、乙、丙三队形成"三怕"循环现象，没有绝对的强队。

图 1

再看另一个例子：

甲、乙、丙三人竞选公司经理。民意测验表明：有 $\frac{2}{3}$ 的职工认为甲比乙合适，有 $\frac{2}{3}$ 的职工认为乙比丙合适。这种情况下，你是否认为甲当选的希望最大？

不一定！完全可能有 $\frac{2}{3}$ 的职工认为丙比甲合适！如图 2 所示，第一行说明，有 $\frac{1}{3}$ 的职工认为甲比乙合适，乙比丙合适；第二行说明，另外 $\frac{1}{3}$ 的职工认为乙比丙合适，丙比甲合适；第三行说明，剩下的 $\frac{1}{3}$ 职工认为丙比甲合适，甲比乙合适。合起来，有 $\frac{2}{3}$ 的职工认为甲比乙合适，$\frac{2}{3}$ 的职工认为乙比丙合适，$\frac{2}{3}$ 的职工认为丙比甲合适。

1/3	甲	乙	丙
1/3	乙	丙	甲
1/3	丙	甲	乙

图 2

这说明"好恶"关系是不具有传递性的。

这一现象称为选举悖论(也称阿洛悖论)。美国经济学家肯尼思·阿洛根据这一悖论及其他依据证明了：一个十全十美的选举方法在原则上是不存在的。

体育竞赛中有一句名言："足球是圆的。"意味着在一场实力接近、旗鼓相当的足球赛中，胜败常由诸多变数来决定，形势瞬息万变、阴阳不测，这正是足球的魅力。像田忌赛马那样的比赛胜负是单向的，即上马胜中马，中马胜下马，下马不可能反过来胜上马。但是在许多体育竞赛中，却常常会出现 A 胜 B，B 胜 C，C 胜 A 的"三怕"现象。

我们利用竞赛图来建立模型。

设一次比赛有 n 个队参加，每两队之间恰进行一场比赛且必定分出胜负，没有平局。我们以 n 个点表示 n 个队，若 A，B 两队比赛的结果为 A 胜 B，则从点 A 到点 B 作一有向线段，于是得到一个图 3 那样的有向图。此图的特点是：每两点之间有且只有一条有向线段相连接，因而是一个无多重线的有向完全图，这样的图称为竞赛图。

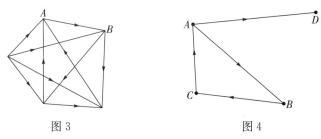

图 3   图 4

定理 在一次有 $n(n \geqslant 3)$ 名选手参加的循环赛中，每对选手都要比赛一场，如果没有平局，且无一选手全胜的话，那么必定存在三名选手 A，B，C，使得 A 胜 B，B 胜 C，C 胜 A。

因为 n 名选手中必有胜局最多的选手 A，因 A 未能全胜，必有战胜 A 的选手 C，因此 A，C 之间有一条箭头由 C 指向 A 的有向线段。被 A 战胜的选手中，必有一人 B 战胜过 C。否则，因 A 战胜过的选手都被 C 战胜，且 C 又胜 A，那么 C 至少比 A 多胜一场，与 A 为胜局最多者的假设矛盾。于是便得了图 4 那样的有向闭圈。即存在 A，B，C 三名选手，使 A 胜 B，B 胜 C，C 胜 A。

这个"三怕"现象的定理引出有许多饶有兴趣的数学题。

例 1 n 名选手参加羽毛球循环赛，每两人都要比赛一场，没有平局。证明：一定可以把这 n 名选手从左至右排成一行，使每一选手都战胜了他右面的选手。

解 设排成一行的 n 名选手为：a_1，a_2，$\cdots$，a_n，即要证明 a_i 战胜 a_{i+1} （$i=1$，2，$\cdots$，$n+1$）。我们可用数学归纳法证明：

当 $n=2$ 时，必有一胜一负，结论显然成立。

假定当 $n=k$ 时，结论成立，

则当 $n=k+1$ 时，根据归纳假定，可以从中去掉 a_{k+1}，使得其余的 k 个选手可以用一条长度为 $(n-1)$ 节的有向线段连接起来，如图 5 所示。

图 5

现在考虑 a_{k+1}，从 a_1 往右数，若 a_{k+1} 负于 a_1，负于 a_2，$\cdots$，负于 a_k，则将 a_{k+1} 置于 a_k 之右。若 a_{k+1} 负于 a_1，负于 a_2，$\cdots$，负于 a_i，但胜 a_{i+1}（$i=1$，2，$\cdots$），则将 a_{k+1} 置于 a_i 与 a_{i+1} 之间。若 a_{k+1} 胜 a_1，则将 a_{k+1} 置于 a_1 之左。

不论哪种情况，都可以把 $(k+1)$ 个选手用一个长度 k 节的有向线段连接起来，即使得 a_i 战胜 a_{i+1}（$i=1$，2，$\cdots$，$n-1$）。

例 2 某次体育比赛，每两名选手之间都进行一场比赛，每场比赛一定决出胜负，比赛后确定优秀选手。选手 A 被称为优秀选手的条件是：对于任何其他选手 B，或 A 胜 B；或存在选手 C，使得 C 胜 B，A 胜 C。

如果按上述规则确定的优秀选手只有一名，求证：这名选手胜所有其他的选手。

解 首先证明必有优秀选手存在。

设一共有 n 名选手参赛，A 是所有选手中获胜场次最多的，如果 A 战胜了其余所有选手，则 A 即是优秀选手。若 A 没有战胜 B，则根据上面的定理，在被 A 战胜的选手中，必存在选手 C，使得 C 胜 B，所以 A 仍是优秀选手。

这就证明了优秀选手总是存在的。现在再证明：如果优秀选手 A 是唯一的，他必定战胜了其他全部选手。

如果 A 没有战胜全部其他选手，那么在一切战胜 A 的选手所成的集合 M 中，根据同样的证明，也必有优秀选手 B（是对集合 M 而言的，不是对全体选手而言的）。但由于 B 胜 A，A 胜 M 以外的其他选手，所以 B 也是对全体选手而言的一个优秀选手，与 A 是唯一优秀选手矛盾。这个矛盾证明了 A 必定战胜了其他所有选手。

三打白骨精

到台风中心找避风港

在去西天取经的路上，孙悟空两次遇到大风的攻击，吃尽了苦头。《西游记》第十九～二十一回写猪八戒与孙悟空经过一番打斗之后，终于知道唐僧乃是让他苦等了三年的取经和尚，于是拜了唐僧为师，皈依佛门。与孙行者一道，保唐僧上西天取经。师徒三人离了高家庄，一路上风餐露宿，来到了黄风岭，碰上了黄毛貂鼠精。妖精捉走了唐僧。孙悟空前去解救，与黄毛貂鼠大战三十回合未分胜负。妖精抵敌不住，口张了三张吹出一阵黄风，顿时狂风大作，天昏地暗，孙悟空又被那怪劈脸喷了一口黄风，把两只火眼金睛，刮得紧紧闭合，莫能睁开，之后更是眼珠酸痛，冷泪常流。

第五十九回孙悟空向铁扇公主借芭蕉扇，又被铁扇公主一扇阴风，搧到了五万余里外的小须弥山，狼狈不堪。

狂风的巨大威力，连法力无边的孙悟空也无法抗拒。

风的形成是因为气流的移动。如果我们把气流的移动看作地球表面上的拓扑变换，那么根据布劳威尔不动点定理，地球表面一定有一个气流不变的地方，即一定有一个风平浪静的地方，那个地方通常就在起风处的附近。

我们常听电视台发布在台风中心附近风力达到 12 级之类的报告，这是指台风的速度达到 33 米/秒。但有趣的是，由于台风眼外围的空气旋转剧烈，不容易进到中心，所以在台风中心直径约 10 千米的范围内，空气几乎是不旋转的(可以看成一个不动点)，因而这处没有风，尽管台风中心附近是风狂雨骤，但在台风的中心却依然是蓝天红日。

一位气象学家曾乘坐侦察机穿越台风中心，对台风中心周围和内部的情况，做了真实动人的描写：

"……不久，在飞机的雷达光屏上开始看到无雨的台风眼边缘。飞机从倾盆大雨颠簸而过以后，突然我们来到耀眼的阳光和晴朗的蓝天下。在我们的周围展现出一幅壮丽的图画：在台风眼内是一片晴空，直径 60 千米，其周围被一圈云墙环抱。有些地方高大的云墙笔直地向上耸立着，而在另一些地方云墙像大体育场的看台倾斜而上，台风眼上边圆圈有 10～12 千米，似乎缀在蓝天背景上……"

现在我们来介绍一下拓扑学中的布劳威尔不动点定理，这个定理说：

在一个拓扑变换中，一定有不动点。

这个定理的证明很困难，我们先对它做通俗一点的说明。

考察平面上的一个圆盘，所谓圆盘，指的是圆盘的周界和它的内部所有点构成的区域。现在将圆盘的所有点做连续变换，使得每一点经过变换后，尽管位置不同，但仍保持在圆内。比方说，设想用塑料薄膜剪一个圆盘，只要保持每个点的最后位置仍在原来的盘内，就可以把薄膜片挤压、收缩、扭转、折叠、伸展或做其他变形。不动点定理指出：每一种这样的变换，都至少有一个点在变换后的位置与原来的位置相同。

也可以这样设想：在一个杯子里装有液体，用搅拌的办法使液体旋转，位于表面的质点仍位于表面，但已经移到别的地方去了。那么根据不动点定理，至少有一个点，仍旧停留在原来的地方。如果用弹性材料做成的一个球面经过折叠、扭曲或拉扯（但不能弄破）而变成平的，那么必定有一对对径点 A 和 B 叠合在同一个位置上（图 1）。从这个定理可以得出一个奇妙的推论：

任何时刻在地球上总有一对对径点有相同的温度和气压。

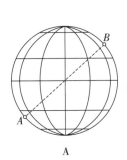

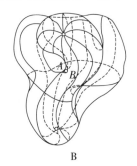

A   B

图 1

读西游玩数学

同样的道理，一个毛球不能作为一个整体而梳顺，至少总有这么一个旋涡点(图2)，在该点处毛发没有确定的方向。

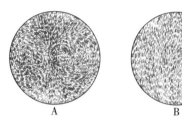

A　　　　　　B

图 2

布劳威尔不动点定理问世后，引起了各国科学家的极大兴趣，找到了这个定理的许多奇妙的应用。一个颇有影响的例子是在代数学基本定理上的应用。

公元 1799 年，德国数学家高斯证明了：

n 次代数方程

$$f(x)=x^n+a_{n-1}x^{n-1}+a_{n-2}x^{n-2}+\cdots+a_1x+a_0=0$$

至少有一个根。

这就是著名的代数学基本定理。在两百多年以前要证明这个定理是非常困难的，今天已经有了各种各样的证明，特别是有了不动点理论之后，就可以把方程 $f(x)=0$ 的求根问题转化为求函数 $g(x)=f(x)+x$ 的不动点问题。

由于方程 $f(x)=0$ 的根一定包含在复数平面上一个半径充分大的圆域内，又函数 $g(x)$ 显然是连续的。因此在这个大圆域运用布劳威尔不动点定理，知道至少存在一个点 x，使得

$$g(x)=x，即 f(x)+x=g(x)=x$$

也就是说，至少存在一个复数 x，使 $f(x)=0$。

这意味着，方程 $f(x)=0$ 至少有一个根。他山之石，可以攻玉，一个代数学里的难题，借助于拓扑学的不动点理论，就这样轻而易举地解决了。

当然布劳威尔不动点定理还有不尽如人意的地方，因为这个理论只告诉人们不动点的存在，却没有说明不动点在什么地方。这个问题困扰了数学家们达半个世纪之久，直至 20 世纪 60 年代后期，情况才出现了转机。

1967 年，美国耶鲁大学的斯卡弗教授，在不动点的探求方面取得了重大

突破。他提出了一种用有限点列逼近不动点的算法，使不动点的应用取得了一系列卓越的成果。这位对不动点理论作出了重大贡献的斯卡弗并不是数学家，而是一位经济学家。他的团队运用这个数学工具在经济学领域的研究中取得了丰硕的成果。

在 1976 年召开的一次国际数学会议上，美国普林斯顿大学的哈德罗·库恩教授宣读了一篇研究用不动点算法解代数方程的论文。他在论文中提出了一个美妙的思想，为数学的百花园增添了一个美丽的"盆景"。

原来库恩先生根据斯卡弗提出的不动点逼近法，出色地完成了三项工作。第一是建造一个立体大篱笆，这个大篱笆分成许多层，从下到上一层密似一层，间隔一层层不断变小，它是数的区域不断缩小的过程；第二是制造一个会发芽的"花盆"；三是设计了一个程序，让"神奇的植物"按信息的要求往上长。当把要解的方程的信息传给"花盆"后；顿时，"花盆"的四周吐出"新芽"，很快芽变为藤，迅速地往上生长，不断地选择大篱笆适当的层格通过，直到大篱笆的最上层，方程的根便全部找出来了（如图 3 所示）。

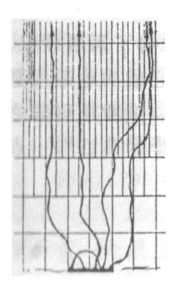

图 3

相似与分形

《西游记》第三十一～三十二回写到唐僧在宝象国虽然受了不少惊吓，吃了许多苦头，但毕竟妖窟波月洞已经扫平，高徒孙大圣也已回归。师徒同行，共向西方。沿途正是春光明媚，景色宜人。不觉来到一座高山，唤作平顶山，山中有一洞，名唤莲花洞。洞里有两妖：一唤金角大王，一唤银角大王。这金角欲图谋捉拿唐僧，对银角说道："兄弟，你有些性急，且莫忙着。……我记得他的模样，曾将他师徒画了一个影，图了一个形，你可拿去。但遇着和尚，以此照验照验。"银角得了图像，知道姓名，点起三十名小怪，立即出洞，满山巡逻，捉拿唐僧等人去了。

好厉害的妖怪，竟然也会画影图形，像今天捕捉罪犯的通缉令一样。民间的画师复制画像的时候，先把被画画像画上细密的格子，然后在画布上也画上同样的格子，在每一个小格子内模拟原画像画出一些对应的点，再把点连成线条，就可以描绘出被画画像的大致轮廓，点取得越多，位置越精确，画出来的像就越逼真。

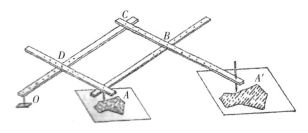

从数学的角度看，这正是一个简单的相似变换而已。绘图人员使用的放缩仪就是利用相似变换的原理制作的。

图形的相似变换可以改变图形的大小和位置，但不改变图形的形状。如

图 1 所示，照片有一个非常有趣的性质：将一张照片按任意的比例放大或缩小，然后把较小的一张任意地放在较大的一张上，只要不放出大照片的范围，则不管放在什么位置，那么，便可以把小照片看作是原来大照片的一个拓扑变换，根据上一篇讲的布劳威尔不动点定理，小照片上必定有一个点 O，它和下面大照片上与之正对着的那一点 O'，实际上是同一个点。

图1

利用平面几何知识很容易证明这个不动点的存在。如图 2 所示，设大照片为 $A'B'C'D'$，延长 AB 交 $A'B'$ 于点 P，过 A，P，A' 三点与 B，P，B' 三点分别作圆，设两圆相交于点 O。那么在 $\triangle OAB$ 和 $\triangle OA'B'$ 内，$\angle OAB = \angle OA'B'$（同弧所对的圆周角），$\angle OBA = \angle OB'A'$（圆内接四边形的外角等于其内对角），所以 $\triangle OAB \backsim \triangle OA'B'$。这就说明了：点 O 在大小照片中的位置是相同的，即点 O 是照片在变换中的不动点。

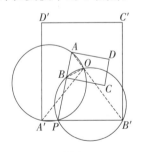

图2

现在我们谈谈几何分形。几何分形的主要特征是它的自相似性，即一个分形的任何一个部分都与原图形相似。

我们知道，平面上的曲线只有长度，没有宽度和厚度。因此，按照人们的一般想法，一条曲线是不可能填满一个平面区域，例如一个正方形或者一个圆的。可是，意大利数学家皮亚诺却在 1890 年发明了一条曲线，这条曲线竟然能通过一个正方形内所有的点。既然通过一个正方形的每一个点，岂不是填满了整个正方形吗？皮亚诺曲线一出现，立即引起了数学界极大的兴趣和广泛的重视。随即一些数学家纷纷作出了具有同样性质的曲线，千奇百怪，美不胜收。为了纪念第一个发现者，人们把这类能填满一个正方形的曲线统称为皮亚诺曲线。这里我们介绍一种比较简单的皮亚诺曲线，它是由波兰数学家谢尔宾斯基作出的。

如图 3 所示，把一个正方形划分为同样大小的四格，然后按照图中所表示的方法画一个十字架形的多边形，它通过正方形对边中点连线互相平分成的四条线段中每一条的中点。这样的多边形叫做第一级曲线，记为 C_1。然后把第一级曲线的四个格子再同样分为四格，依样画葫芦地画出十字架多边形，并把它们连通起来，形成一条较复杂的曲线，称为第二级曲线，记作 C_2。如此无限地继续克隆下去，便可得到第三级、第四级……曲线。其极限曲线将填满整个正方形。

这条曲线令人赞美，也令人惊异。作为曲线，它应该是一维的；作为填满整个正方形的图形，它又应该是二维的。非此非彼，亦此亦彼，似花还似非花。

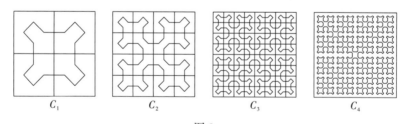

C_1　　　　C_2　　　　C_3　　　　C_4

图 3

谢尔宾斯基在 1915 年设计了下面两个分形。

(1)将一个单位正方形的每条边三等分，连接对边的分点，把原正方形像九宫格那样分成九个正方形，将中间的那个正方形涂上金色。剩下的正方形再以同样的方式进行分割，涂色。如此继续进行下去，就得到一个千疮百孔的正方形网格。

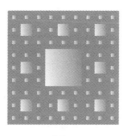

图 4

若原来正方形的面积是 1，涂有金色区域的前 n 个正方形的面积之和为 A_n，则

$$A_n = \frac{1}{9} + 8 \cdot \left(\frac{1}{9}\right)^2 + 8^2 \cdot \left(\frac{1}{9}\right)^3 + \cdots + 8^{n-1} \cdot \left(\frac{1}{9}\right)^n$$

$$= \frac{1}{9}\left[1 + 8 \cdot \left(\frac{1}{9}\right) + 8^2 \cdot \left(\frac{1}{9}\right)^2 + \cdots + 8^{n-1} \cdot \left(\frac{1}{9}\right)^{n-1}\right]$$

$$= 1 - \left(\frac{8}{9}\right)^n$$

当 $n \to \infty$，$A_n \to 1$。

(2)连接一个正三角形各边的中点，分原正三角形成四个全等的小正三角形，去掉中间的那个小正三角形；对于剩下的小正三角形，再用其三条中位线划分且舍去中间的小正三角形，如此不停地进行正三角形"去心"，最后得到的平面点集就成为图 5 的分形。

 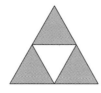 

图 5

若原来正三角形的面积是 1，白色区域的前 n 个正三角形的面积之和为 B_n，则

$$B_n = \frac{1}{4} + 3 \cdot \left(\frac{1}{4}\right)^2 + 3^2 \cdot \left(\frac{1}{4}\right)^3 + \cdots + 3^{n-1} \cdot \left(\frac{1}{4}\right)^n$$

$$= \frac{1}{4}\left[1 + \left(\frac{3}{4}\right) + \left(\frac{3}{4}\right)^2 + \cdots + \left(\frac{3}{4}\right)^{n-1}\right]$$

$$= 1 - \left(\frac{3}{4}\right)^n$$

当 $n \to \infty$，$B_n \to 1$。

你看这两个分形有多么奇怪的性质。

人们发现，古老的杨辉三角也具有丰富的分形性质。

如果把杨辉三角中的每一个数都模 2（即把奇数变为 1，偶数变为 0），那么一些 0 所在的区域就构成一些相似三角形，利用计算机把图像显示出来，得到的将是一个具有分形的"自相似"性质的美丽的图案（图 6）。

图 6

猪八戒吃人参果

　　《西游记》第二十四回写唐僧师徒来到了风景秀丽、幽趣非常的万寿山。这万寿山中有一座五庄观，观里有一株人参果树，乃是混沌初分，鸿蒙始判，天地未开之际，生成的一棵灵根。三千年一开花，三千年一结果，再三千年才得熟，差不多一万年方得吃一次人参果。这一万年，也只结得 30 个果子。镇元大仙算定近日唐僧取经要经过此地，恰巧大仙要率领弟子上天听弥罗宫元始天尊所讲的"混元道果"。留下两个徒弟清风、明月看家，交代两人可摘两个人参果招待唐僧。唐僧见那人参果就像个活生生的婴儿，哪里敢吃。两个徒弟见唐僧不敢吃，便两人分食了。可是这几人的谈话被在厨房里做饭的猪八戒听见了，猪八戒又告诉孙悟空，孙悟空虽听说过但却没有见过这人参果，于是便去偷了三个，与猪八戒、沙和尚一人一个分吃了。猪八戒口又大，嘴又馋，拿着人参果一口就吞下去了，还不知道吃了什么，是一个什么味儿，便央求孙悟空与沙和尚再分点给他尝尝，慢慢地细嚼细咽，尝出些滋味。孙悟空和沙和尚大笑，谁也不理会他。

　　从此，"猪八戒吃人参果"就成了讽刺那些办事马虎，食而不化的人的一句俗语，与成语囫囵吞枣的意思相近。

　　饮食中囫囵吞枣，食而不化，必然有害健康；在学习中贪多图快，不求甚解，必然影响进步。对于学习数学的人来说，一丝不苟，按部就班就显得更为重要。但是，任何事情都不能太绝对化，我们学习数学固然不能囫囵吞枣，但有时解数学题时却又要"囫囵吞枣"，嚼得过细反而影响求解。

　　例 1　我国南北朝时期有一位著名的冶金专家，名叫綦毋怀文，有一天，綦毋怀文家来了一位匈奴客人。当时正是枣子成熟的季节，綦毋怀文陪客人到枣树下饮酒，并准备摘些成熟了的枣子下酒。可是，客人却想知道树上有多少颗已成熟变红了的枣子。綦毋怀文便让仆人去实际数一下。可是仆人说："大人，巧得很。我前天就仔仔细细地数过了，红的枣子数是未红枣子数的 4 倍，今天早晨我发现原来未成熟的枣子又有 10 颗变红了，现在变红了的枣子数就成了未成熟枣子数的 6 倍了。"綦毋怀文稍微思索了一下，便说出了有多少个成熟了的枣子。客人并不完全相信。于是綦毋怀文让仆人把已经变红了的枣子都打下来，但是一数，却比綦毋怀文计算所得的枣子数少了一颗。此时，綦毋怀文坚定地说：树上肯定还有一颗已成熟的，隐藏在什么地方没有打下来。于是，仆人索性爬到枣树上仔细搜索，果然发现还有一颗未打下来的已成熟了的枣子。

清代数学家明安图把这个故事改编成了一道生动有趣的数学题，写进了他的著作中，因而得以流传至今。

用二元一次联立方程不难解答此题。设前天成熟变红了的枣子数为 x，未成熟的枣子数为 y，则依仆人所说，可列出方程组：

$$\begin{cases} x=4y, \\ x+10=6(y-10) \end{cases}$$

解这个方程组可得 $y=35$，$x=140$。

但是如果采用"囫囵吞枣"的方法，不考虑枣子成熟与否，只考虑枣子的总数，也许更方便些。设枣子总数为 x，则依题意有：

$$\frac{x}{5} - \frac{x}{7} = 10$$

解之，得 $x=175$。

例 2 用一条曲线把一个正三角形分成面积相等的两部分，使所用的曲线最短(图 1)。

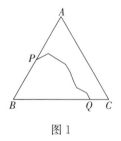

图 1

图 2

设 PQ 是所要求的曲线，单独考虑一个正三角形时解题的思路并不明显。但若考虑一个正六边形，它是由 6 个正三角形合成的一个整体(图2)。6 条 PQ 弧围成了一条封闭的曲线，要这条封闭曲线最短，根据等周定理，它应该是一个圆。$BP=BQ$，BP，BQ 是圆的半径，设 $AB=BC=CA=1$，$BP=BQ=r$，则由 $\frac{1}{6}\pi r^2=\frac{1}{2}\times\frac{1}{2}\times1\times1\times\sin 60°$，可得 $r=\sqrt{\dfrac{3\sqrt{3}}{4\pi}}$。所以这条曲线是以正三角形 ABC 的顶点 B 为圆心，以 $\sqrt{\dfrac{3\sqrt{3}}{4\pi}}$ 为半径所画的圆在 $\triangle ABC$ 内的一段弧 PQ。

在使用数学归纳法证题时，有时就难免有囫囵吞枣的现象。

众所周知，德国著名数学家高斯很小的时候，利用配对的方法制造了求和公式：

$$S_1(n)=1+2+3+\cdots+n=\frac{1}{2}n(n+1) \tag{①}$$

人们构造图 3 给出了公式①的一个直观解释。图 3 是一个 $n\times(n+1)$ 的矩形，它的一半恰好是公式①的图形表示。

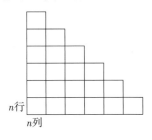
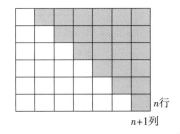

图 3

但是对于公式

$$S_2(n)=1^2+2^2+3^2+\cdots+n^2=\frac{1}{6}n(n+1)(2n+1) \tag{②}$$

似乎没有人给出一个像 $S_1(n)$ 那样简单的、合理的解释。笔者曾经用囫囵吞枣的办法画出 $S_2(n)$ 的一个直观图形，导出公式②。

因为 $3S_2(n)=\frac{1}{2}n(n+1)(2n+1)=(2n+1)\times(1+2+\cdots+n)$。先画一个长为 $2n+1$，宽为 $1+2+\cdots+n=\frac{1}{2}n(n+1)$ 的矩形，其面积为

$$\frac{1}{2}n(n+1)(2n+1)$$

与②式比较，知其恰为 $S_2(n)$ 的 3 倍。利用图 4 能制造出表示 $S_2(n)$ 的图形吗？

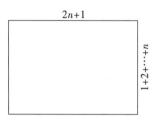

图 4　$3S_2(n)$ 的表示图

我们先证明另一恒等式：

$$(2n+1)(1+2+\cdots+n)=3\times(1^2+2^2+\cdots+n^2) \qquad ③$$

当 $n=1$ 时，$(2\times1+1)\times1=3=3\times1^2$，③式成立。

假定③式对 $n=k-1$ 已成立，则对 $n=k$ 时，如图 5 所示：

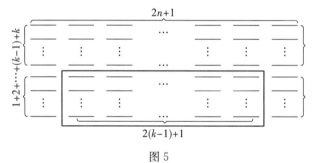

图 5

画一个由 $(2k+1)\times(1+2+\cdots+k)$ 条短线（虚线）组成的矩阵，共有 $(2k+1)(1+2+\cdots+k)$ 条短线。取出由下方粗线框出的 $[2(k-1)+1]\times(1+2+\cdots+k-1)$ 条短线（虚线组成），组成一个 $[2(k-1)+1]\times[1+2+\cdots+(k-1)]$ 矩阵，由归纳假定，它有 $3[1^2+2^2+\cdots+(k-1)^2]$ 条短线。在图 5 中还留下 $k(2k+1)+2[1+2+\cdots+(k-1)]=2k^2+k+k(k-1)=3k^2$（条）短线，所以图 5 中共有 $3[1^2+2^2+\cdots+(k-1)^2]+3k^2=3(1^2+2^2+\cdots+k^2)$（条）短线，③式成立。

即：

$$1^2+2^2+\cdots+n^2=\frac{1}{3}(2n+1)(1+2+\cdots+n)=\frac{1}{6}n(n+1)(2n+1)$$

长期以来，人们都没有找到

$$S_3(n)=1^3+2^3+3^3+\cdots+n^3=(1+2+3+\cdots+n)^2$$

一个简单明了的图形表示，罗杰·埃格莱顿给出了一种几何解释，如图 6 所示，你能解释其中的道理吗？

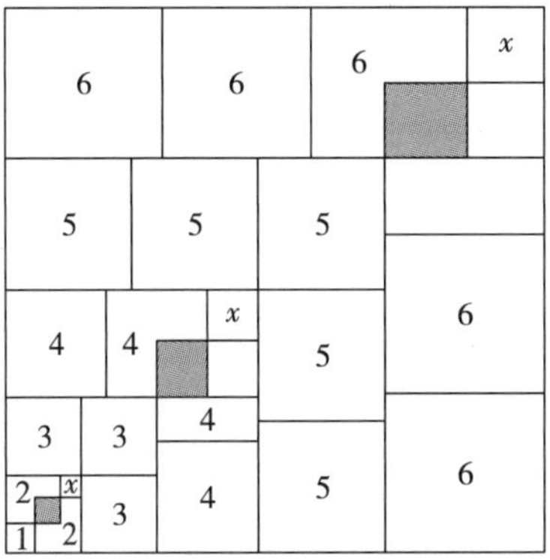

图 6

三打白骨精

　　《西游记》第二十七回的三打白骨精写得非常精彩。师徒四人离了万寿山，来到白虎岭，白虎岭上住着一个尸魔白骨精。她听说吃一口唐僧的肉会长生不死，便千方百计要捉住唐僧，弄一块肉吃。她开始变作一个美丽的少妇，与唐僧接近，恰巧这时孙悟空摘桃回来，一眼看出她是一个妖怪，不容分说，朝妖怪一棒打下，白骨精化成一阵风逃走了，却留下一具假尸体。第二次化作寻女儿的老太，第三次再化作来寻老伴和女儿的老头，但都被孙悟空识破打死，共留下了三具尸体在现场。唐僧西天取经一路走来，虽然接二连三碰上妖怪，但这次和以往不同。以前遇到的妖怪，大抵都青面獠牙，全副武装，兴风作浪，高叫杀人。这样的妖怪，不但使唐僧非常害怕，也让唐僧容易识别。白骨精不同了，她以花容月貌的少妇、年迈体弱的老人的伪装出现，既没有杀人夺命的行动，也没有伤风败俗的言辞，孙悟空更没有拿出足以采信的证据，无怪唐三藏人妖不分，是非颠倒。而且他又不懂生活的逻辑，在这四望没有人烟的山顶，连一个化斋的地方都找不到的荒野，何来向田间送饭的少妇？没有人回家报信，瞬时之间，老妪、老翁怎么就会接踵来寻人？唐僧却不辨人妖，反责怪孙悟空恣意行凶，连杀三个好人；孙悟空则有口难辩，无法自证清白，加上猪八戒又在一边不断地煽风点火，终于使唐僧下定决心，写下贬书，赶走孙悟空。孙悟空虽然百般恳求，唐僧都不肯回心转意，只好泣别师傅，回花果山去了。

　　在漫长的取经路上有九九八十一道难，出现三次危机算不得什么，其实许多事物的发展都难免碰上与三打白骨精相似的情况，连数学也未能例外。在数学发展的道路上也产生过所谓数学基础的三次危机。而这三次危机的第一次是因为实数中无理数的发现，第二次是在建立微积分理论时实数性质带来的困扰，第三次是建立包括实数在内的数的基础时出现的悖论，都没有离开实数。

1. 第一次数学危机

公元前 5 世纪左右，古希腊的毕达哥拉斯学派认为数是万物的本原，用毕达哥拉斯的话来说，就是"万物皆数"。不过他们所说的数，指的是自然数和分数。

毕达哥拉斯学派对几何学的贡献最大，他们发现了毕达哥拉斯定理（我国称此定理为勾股定理或商高定理。商高比毕达哥拉斯要早五六百年知道这一结论），即：

直角三角形两直角边的平方和等于斜边的平方。

毕达哥拉斯定理的发现本来是毕达哥拉斯学派的一大成就，也是数学史上的一次飞跃，因为这一事实不能从观察和经验得出，只能通过抽象思考和逻辑推理才能得到，这说明人类的抽象思维能力有了较大的提高。但是根据这一定理，当一个直角三角形两条直角边的长都是 1 时，其斜边的边长就是 $\sqrt{2}$，这使得毕达哥拉斯学派陷入了两难的境地。$\sqrt{2}$ 是什么东西呢？按照他们的"万物皆数"的信条，$\sqrt{2}$ 既然是一个直角三角形的斜边之长，它就应该是一个数。另一方面，他们所说的数是指整数和分数，他们找不到这样的整数或分数，使它等于 $\sqrt{2}$，所以 $\sqrt{2}$ 又不应该是数。谁是谁非？孰真孰假？这就产生了历史上所谓数学基础的第一次危机。

第一次数学危机是怎样解决的呢？希腊人为了维护他们的先哲们"万物皆数"的信仰，拒绝承认 $\sqrt{2}$ 是数，而称它为几何量，把量和数加以割裂，认为数是离散的，几何是连续的，是不可公度的。

求助于几何的办法很容易被人们接受，当 1 和 $\sqrt{2}$ 都被当作是长度，也就是线段时，它们之间就没有什么区别了。

由于无理数的发现导致了对连续量的研究，而当时的算术理论中没有连续量，这就必然以几何量的连续性这种直观概念为依据。由于几何量不能完全由自然数与自然数的比来表示，而反过来，任何数却可由几何量来表示，从而使自然数在人们心目中的地位动摇了，希腊人开始转向偏爱几何学，促进了几何学的发展，诞生了欧几里得的《几何原本》。同时，也使除了整数理论以外的数学向几何学转换。从欧几里得以后，数学的这两个分支被严格地区分开，几何成为所有"严格"数学的基础，这种状况一直持续到 17 世纪。

2. 第二次数学危机

在实际工作中，无论是对物理科学或工程技术来说，几何图形远远没有数字结果那么有用。把 $\sqrt{2}\times\sqrt{3}$ 解释为一个矩形的面积在逻辑上还能令人满意，但是 $(\sqrt{2})^{12}$ 表示什么呢？面积？体积？看来都不行。解析几何的出现提供了用代数计算解决几何问题的一种统一的思想方法。解析几何的产生，自然地导致了微积分的创立。微积分思想的建立，使得常量数学(代数、几何、三角、数论等)在内容上得到了极大的丰富，在思想方法上发生了深刻的变化。微积分的产生，为用数学描述现实物质世界的运动和变化提供了强有力的工具，对物理学、工程学、天文学、航海学等有很大的贡献。大家充分运用它解决了许多过去无法解决的科技难题，微积分受到了科学家和工程师的普遍欢迎。

但是微积分也引入了一些传统观念无法理解的概念和方法。由于引入的一些概念带有模糊性，无法从逻辑上作出一致的解释，从而引发长期的、尖锐的争论，产生了数学基础的第二次危机。

无穷小量是微积分的基础概念，但是微积分的两位发明人牛顿和莱布尼茨同样也没有无穷小量的明确概念。

英国主观唯心主义哲学家大主教贝克莱用一连串的质问嘲笑数学家们：

那些对宗教如此敏感的数学家们会严谨认真地对待自己的科学吗？他们会不屈从于权威、不盲目轻信和相信那些不可思议的观点吗？他们就没有自己的秘密，甚至抵触和矛盾吗？

贝克莱的评论虽然出于为宗教和神学辩护的需要，但他对微积分的非难却切中了要害。

有幸的是，当微积分遇到重重困难、打击讽刺铺天盖地而来的时候，数学家们却毫不动摇，一步一个脚印地继续开发它的应用，弥补它的缺陷，前赴后继，奋然前行。经过无数数学家的努力，终于成功地解决了实数理论，克服了所谓的"第二次数学危机"。

3. 第三次数学危机

数学研究数与形，通过解析几何，形可转化为数，因而归根结底是研究数。数系包括复数、实数、有理数、整数和自然数。但复数可归结为实数对，实数可归结为有理数的分割，有理数可归结为整数之比，整数则可以归结为自然数，因此，全部数学就归结为自然数了，或者说归结为算术了。只要算术的基础是相容的、牢固的，那么整个数学的基础也就牢固了。怎样来判断算术的相容性呢？德国数学家、逻辑学家弗雷格根据集合论的思想，写了一本《算术基础》，主张把算术的基础归结为逻辑。逻辑是普遍承认的推理规则，它在各门科学中都被不加怀疑地使用。那么算术真的可以归结为逻辑吗？

1900 年在法国巴黎召开了第二届国际数学家大会，群贤毕至，少长咸集，法国数学家庞加莱高兴地宣称：数学的严格性，看来直到今天才可以说绝对的严格已经实现了。一时间会场上欢声雷动，数学家们喜气洋洋。集合论的大厦已经建成，弗雷格把算术归结为逻辑的著作也已出版。数学基础的严密性的建立，即将计日程功了。

谁知在这关键时刻，英国数学家、哲学家罗素提出了一个"悖论"，给多灾多难的数学基础带来了又一次更严重的、致命的一击。

萨维尔村有个理发师规定：只给村里所有自己不刮脸的人刮脸，但不给村里那些自己刮脸的人刮脸。按照这条店规，如果理发师本人给自己刮脸，他就属于"自己刮脸"的那一类村民，按店规，理发师就不应该给自己刮脸。如果理发师不给自己刮脸，他就属于"自己不刮脸"的那一类村民，按店规，理发师又必须给自己刮脸。这个"理发师悖论"实际上就是集合论的一个悖论。

上述理发师悖论可以稍微数学化地来表述，设集合

$$B＝\{自己刮脸的人\}$$

若理发师$\in B$，即理发师是自己刮脸的人，但由店规，理发师不应该给自己刮脸，从而理发师$\notin B$，矛盾！若理发师$\notin B$，即理发师不自己刮脸，由店规，他应给自己刮脸，即理发师$\in B$，也矛盾！

罗素进一步把上述理发师悖论变成下面的一个数学悖论，称为罗素悖论：

"设$B＝\{集合 A \mid A\notin A\}$，问$B\in B$还是$B\notin B$？"

也就是说，当把集合也看作元素时，B是由那些不属于自己的集合所组成的一个集合，即如果$A\notin A$成立，那么A就是B的元素，$A\in B$；反之，B中的每一个元素都有这种性质，亦即$A\in B$，就有$A\notin A$。现在问：集合B是否属于它自己呢？

集合论中既然有如此致命的悖论，还能作为数学的基础吗？数学陷入了数学史上的第三次危机。

孙行者、者行孙、行者孙

《西游记》第三十三～三十五回写到平顶山的大小两个魔王捉住了唐僧、猪八戒和沙和尚，把三人吊在梁柱上，只等捉得了孙行者，便一起蒸来吃。

孙行者不见了师傅等人，急忙前去营救。谁知魔王们不仅武艺高强，而且有紫金红葫芦、羊脂玉净瓶、幌金绳、七星剑与芭蕉扇五件宝贝。这几件宝贝都具有强大无比的功能。

孙行者用计夺得了魔王的红葫芦、玉净瓶、幌金绳三件宝贝，在洞门外与识破其身份的魔王大战三十回合不分胜负，孙大圣求胜心切，竟想使用从魔王那里夺来的幌金绳去擒魔王。谁知魔王认得是自家宝贝，反而控制幌金绳扣住了孙行者，捉进洞去。孙行者费尽心机，得以逃脱。第二次改名叫"者行孙"，自称是"孙行者"的兄弟，又到洞外向魔王挑战，不慎又被宝葫芦装了进去。两个魔王先捉了"孙行者"，又捉了"者行孙"，正高兴地开怀畅饮。忽然又来了一个叫"行者孙"的人向魔王挑战。原来孙行者又已经设法逃出，再化名"行者孙"来挑战了。这次终于制服了二魔王。

按照孙行者的方法，用"孙行者"这三个字可以造出 $3\times2\times1=6$(个)不同的名字来：孙行者，者行孙，…，与数学中的"三位循环数"极其相似。

假设 x，y，z 是三个互不相等且没有一个为 0 的数码($1\leqslant x<y<z\leqslant9$)，用这三个数码可以组成 $\overline{xyz}$，$\overline{xzy}$，$\overline{yxz}$，$\overline{yzx}$，$\overline{zxy}$，$\overline{zyx}$ 6 个三位数，我们把它们称为三位循环数。

如果记一个三位循环数三个数码的和为 $x+y+z=A$，记 6 个三位循环数之和为 B。试求 A 与 B 之间的关系。

记 $\overline{xyz}+\overline{xzy}+\overline{yxz}+\overline{yzx}+\overline{zxy}+\overline{zyx}=B$，$x+y+z=A$，则：

$$B = (100x+10y+z)+(100x+10z+y)+(100y+10x+z)+$$
$$(100y+10z+x)+(100z+10x+y)+(100z+10y+x)$$
$$=222(x+y+z)=222A$$

因此我们只要把三个数码 x，y，z 之和 A 乘以 222 就得到了 B。

这个问题可以推广。

若有 $n(2 \leqslant n \leqslant 9)$ 个互不相同的数码，且没有一个为 0，设这些数码之和为 A，由这些数码组成的所有 n 位循环数之和为 B，求 A 与 B 之间的关系。

由 n 个不同的数码组成的不同 n 位数共有 $n!$ 个，每一个数码在这 $n!$ 个 n 位数中出现的规律是：

在第一位出现 $(n-1)!$ 次，其数值之和为 $(n-1)! \times 10^{n-1}$；

在第二位出现 $(n-1)!$ 次，其数值之和为 $(n-1)! \times 10^{n-2}$；

…

在第 $(n-1)$ 位出现 $(n-1)!$ 次，其数值之和为 $(n-1)! \times 10^1$；

在第 n 位出现 $(n-1)!$ 次，其数值之和为 $(n-1)! \times 1$。

所以，每一个数码在 B 中出现的和是：

$(n-1)! \times 10^{n-1}+(n-1)! \times 10^{n-2}+\cdots+(n-1)! \times 10^1+(n-1)! \times 1=$
$(n-1)! \times 11\cdots1$(共 n 个 1)

令 $n=2$，$(2-1)!=1!=1$，代入上式，得 $B=11A$。

令 $n=3$，$(3-1)!=2!=2$，代入上式，得 $B=222A$。

令 $n=4$，$(4-1)!=3!=6$，代入上式，得 $B=6666A$。

当 $n \geqslant 5$，由于 $4!=4 \times 3 \times 2 \times 1=24$，代入上式要进位，没有 $n=2$，3，4 时那样简洁的表达式了。

现在我们来谈谈反序数和回文数。

随便拿一个自然数，例如 123，将它各位数字的次序倒过来，就得到一个新的自然数 321，称为原数的反序数，即 123 与 321 互为反序数。类似地，2019 与 9102，31872 与 27813 等都互为反序数。

一般地说，一个数与它的反序数并不相同，例如 2019 就不同于 9102。但是，也有的数与它的反序数是一样的，例如 2002 的反序数仍为 2002，343 的反序数仍为 343，像这种与它的反序数相同的数就称为回文数。2002，343

都是回文数，此外，如 9，55，1001 等，也都是回文数。

利用回文数可以编出许多有趣的数学问题：

例 1 一个四位回文数的前两个数字所形成的两位数是这个四位回文数的 4 个数字之和的 k 倍。这个四位回文数是什么？

解 设这个四位回文数是 $\overline{abba}$，前两位数字所成的两位数是 $10a+b$，4 个数字之和是 $2(a+b)$，于是依题意得方程：

$$10a+b=2k(a+b) \qquad\qquad ①$$

由①式可知，2 整除 b，b 为偶数，设 $b=2c$，则 $0\leqslant c\leqslant 4$，代入①式，化简后得：

$$(5-k)a=(2k-1)c \qquad\qquad ②$$

由②式可知，$1\leqslant k\leqslant 5$，依次令 $k=1$，2，3，4，5，代入②式可得：

当 $k=1$ 时，$4a=c$，$a=1$，$c=4$，$b=8$，得 1 个四位数 1881；

当 $k=2$ 时，$3a=3c$，$a=c$，$b=2c$，得 4 个四位数 1221，2442，3663，4884；

当 $k=3$ 时，$2a=5c$，$a=5$，$c=2$，$b=4$，得 1 个四位数 5445；

当 $k=4$ 时，$a=7c$，$a=7$，$c=1$，$b=2$，得 1 个四位数 7227；

当 $k=5$ 时，$0a=9c$，a 可取 1～9 之间的任一个数，$c=0$，$b=2c=0$，符合条件的四位数有 1001，2002，…，9009 等 9 个。

这样的四位数一共有 $1+4+1+1+9=16$（个）。

例 2 114 是电信部门供人们查询电话号码的专用电话号码。小明发现：将它的各个数位上的数字之和乘以 19 仍然得到 114：$(1+1+4)\times 19=6\times 19=114$。有这样的三位回文数吗？如果有，请写出来；如果没有，请说明理由。

解 设这个三位回文数为 $\overline{aba}$，其中 a，b 均是 0～9 之间的整数，且 $a\neq 0$。依题意得方程：

$$100a+10b+a=19(a+b+a)$$

化简后得：

$$7a=b$$

因为 $a\neq 0$，$b<9$，可得 $a=1$，从而 $b=7$。可得满足条件的三位回文数只有一个，即 171。

回文数有许多奇妙而有趣的性质，数学家对它进行了深入的研究，但还有许多问题没有解决，留下了不少有关回文数的猜想。现在介绍一个有趣的回文数猜想：

随便取一个数，例如 97，如果它不是回文数，便将它与它的反序数相加：97＋79＝176。176 仍然不是回文数，再与它的反序数相加：176＋671＝847。如此继续：847＋748＝1595；1595＋5951＝7546；7546＋6457＝14003；14003＋30041＝44044。终于得到了一个回文数。

事实上，可以证明：

任何一个两位数，如果不是回文数，则加上它的反序数，如果其和仍不是回文数，就再重复上述步骤，经过有限次这样的加法运算之后，一定能得到一个回文数。

对于大多数不是两位数的自然数，也有类似的性质，例如对三位数 197来说，我们有：

$$197＋791＝988$$
$$988＋889＝1877$$
$$1877＋7781＝9658$$
$$9658＋8569＝18227$$
$$18227＋72281＝90508$$
$$90508＋80509＝171017$$
$$171017＋710171＝881188$$

也终于得到了一个回文数。能不能将这些结果加以推广，做下面的猜想呢？

任何一个不是回文数的正整数，加上它的反序数，如果其和仍不是回文数，则再加上其和的反序数。如此不断重复上述步骤，经过有限次这样的加法运算之后，一定能得到一个回文数。

这个猜想是否成立，目前尚未能证明也未能否定。虽然电子计算机对很多数的检验都支持这一结论，但有些数并不"驯服"。例如，虽然对 197 这个数，我们只做了七次运算就得到了回文数，但对 196 来说，就完全不是那么一回事了。据说有人用计算机做过几十万次运算，尚未得到回文数，也未能证明它不能产生回文数。

　　这个猜想与著名的哥德巴赫猜想一样，猜想的内容小学生都能听懂，但要解决它则大学者也无能为力，或许它也是一个哥德巴赫猜想式的难题哩。

真假猴王难辨异同

《西游记》第五十六~五十八回说，孙悟空因为打死了拦路抢劫的盗贼，唐僧认为他突破了佛家仁慈的底线，再次下决心要把他赶走。孙悟空离开后不知去往何处，又回去向唐僧请求恕他这一遭，但唐僧不允，孙悟空便去观音菩萨那里投诉。菩萨告诉他："你那师父顷刻之际，就有伤身之难，不久便来寻你。你只在此处，待我与唐僧说，教他还同你去取经，了成正果。"孙大圣只得皈依。

原来孙行者去后，一个六耳猕猴精趁机化作孙悟空模样，打伤了唐僧，抢走行李关文，又把小妖变作唐僧、八戒、沙僧模样，欲上西天，骗取真经。

沙僧去求观音菩萨，于是孙悟空跟随沙僧回去验明真假。谁知真假悟空实在难以辨认。变成假孙悟空的六耳猕猴，传说是四大灵猴之一，实力和真孙悟空一般无二。真假孙悟空大战，打到上天入地下海，都分不出胜负。唐僧的紧箍咒对他们都起作用；天王的照妖镜无法分辨；观音菩萨的慧眼也不能识别，直到雷音寺如来佛处，如来佛才使假悟空现出原形，并用金钵盂罩住，最终被孙悟空一棍子打死。

有人说六耳猕猴是孙悟空的二心，故与孙悟空不差分毫。有的《西游记》研究者甚至认为，被打死的不是六耳猕猴，而是孙悟空。孙悟空本来就是如来佛制造出来的，目的是保唐僧完成西天取经的任务。六耳猕猴则是如来佛同时制造出来的孙悟空的"备份"。万一孙悟空遭遇了不测，就让六耳猕猴顶上，继续保唐僧完成取经的任务；或者一旦孙悟空不听唐僧的话，如来佛就会除掉他而让六耳猕猴取而代之。

《西游记》中使用了"形容如一""一般模样"等词语来描写两个猴王完全相同、一模一样。其实，两件事物是不是一样，有时是很难说清楚的。甚至什么是"一样"本身，也都说不清楚。

德国哲学家莱布尼茨在一次宫廷讲学时说：凡物莫不相异，天地间没有两个彼此完全相同的东西。世界上没有两片完全相同的树叶。听讲的宫女们事后纷纷到花园里寻找树叶来比较，果然没有发现两片完全相同的树叶。

其实，宫女们的努力是徒劳的。她们没有发现两片完全相同的树叶，并不能证明莱布尼茨的命题是真的。古往今来的树叶无穷无尽，你比尽了德国的树叶，还有英国的、法国的……。比尽了今天的树叶，还有过去的、未来的，你不可能一一拿来加以比较。反之，即使有人找到了两片"完全相同"的树叶，也不能否定莱布尼茨的命题。因为两片树叶即使在形状、颜色、化学成分等方面都"完全一样"，但至少生长的位置是不可能"完全相同"的，仍然是两片"不相同"的树叶！

其实，像"世界上没有两件事物是完全相同的"这一类命题自己就证明了自己。因为两件事物如果"完全相同"，就不应该是两件事物，而是同一件事物。如果是两件事物，就不可能"完全相同"，至少它们在空间所占的位置就不会"完全相同"！

"芳林新叶催陈叶，流水前波让后波。"从这个意义上说，世界上的确找不到两片完全相同的树叶，一个人也不可能两次蹚过同一条河流。

数学中不允许这种模棱两可的结果。数学中把任何两个"1"都看作是"完全一样"的，把任何两个全等三角形都看作是"完全相同"的。数学是怎样来处理"相同""一样"这一类概念的呢？

为了说明这个问题，我们先说明"关系"这一概念。

1921年，波兰数学家库拉托夫斯基用集合的概念定义了"序偶"。

设 A 和 B 是两个集合，a 与 b 分别是 A 与 B 的元素，即 $a \in A$，$b \in B$，则将 a 与 b 配成有顺序（a 在 b 之前）的对子后称为集合 A 与集合 B 的一个序偶，记作 (a, b)。

例如，设集合 $A = \{1, 2, 3\}$，$B = \{奇, 偶\}$，则 $(1, 奇)$，$(2, 奇)$，

(3，偶)等都是 A 与 B 的序偶。但(1，2)，(偶，2)都不是 A 与 B 的序偶。因为(1，2)中第二个元素不是 B 的元素，(偶，2)中 B 的元素在 A 的元素之前，只是 B 与 A 的序偶而不是 A 与 B 的序偶。

把 A 与 B 的全部序偶当作新的元素，作成一个新的集合，则称为 A 与 B 的笛卡儿积，记作 $A \times B$。

例如上面列举的两个集合 $A=\{1，2，3\}$，$B=\{奇，偶\}$，它们的全部序偶是：

(1，奇)，(1，偶)，(2，奇)，(2，偶)，(3，奇)，(3，偶)

所以，A 与 B 的笛卡儿积是：

$A \times B=\{(1，奇)，(1，偶)，(2，奇)，(2，偶)，(3，奇)，(3，偶)\}$

集合 A 与 B 的笛卡儿积的一个子集 R(或者说 A 与 B 的一部分序偶)叫做 A 与 B 的一个二元关系。

当 $(a，b) \in R$ 时，则说 a 与 b 具有关系 R。当 $(a，b) \notin R$ 时，则说 a 与 b 没有关系 R。

这个二元关系可以看作许多实际问题的数学模型。实际问题中每一数学的或逻辑的性质都可以在二元关系的数学性质中得到。

例如，某工厂要选举正、副厂长。正厂长候选人的集合为 $A=\{赵，钱\}$，副厂长候选人的集合为 $B=\{孙，李，周，吴\}$。选举正、副厂长各一人，那么每一种选举结果都是 A 与 B 的一个序偶。不同的序偶共有 $2 \times 4=8$(种)。因此，A 与 B 的笛卡儿积是：

$A \times B=\{(赵，孙)，(赵，李)，(赵，周)，(赵，吴)，(钱，孙)，$
　　　　　　$(钱，李)，(钱，周)，(钱，吴)\}$

当然，8 种可能的结果不一定都能在选票中出现，假定选票中只出现了(赵，孙)，(赵，李)，(钱，孙)这 3 种结果，则 $A \times B$ 的子集 $R=\{(赵，孙)，(赵，李)，(钱，孙)\}$ 是 A 与 B 的一个关系。

又例如，设 A 是大学毕业生的集合，B 是用人单位的集合，把 A 中的张三招聘到 B 中的大胜公司，则(张三，大胜公司)是 A 与 B 的一个序偶。而一个既定的招聘方案，则是 A 与 B 的一个二元关系。张三招聘到大胜公司,则张三与大胜公司有关系;李四没有招聘到大胜公司,则李四与大胜公司没有关系。

有了关系的概念,我们就可以谈论"相同""一样"之类的概念了。因为,"相同""一样"之类的概念可能要涉及多种多样的标准,数学舍弃了所有的标准,只注意其结构的标准。

数学思想认为:"相同"是一种关系,它可以存在于两个事物之间,这个关系要满足三个条件:

(1)事物 A 与它本身相同(反身性);

(2)若事物 A 与事物 B 相同,则事物 B 也与事物 A 相同(对称性);

(3)若事物 A 与事物 B 相同,事物 B 与事物 C 相同,则事物 A 与事物 C 相同(传递性)。

满足这三个条件的关系称为等价关系。

满足等价关系的事例有很多。在数学中数的相等、三角形的全等、三角形的相似等,都是等价关系。但大于关系、小于关系等则不是等价关系。等价关系的思想也反映在生活问题中,如同乡关系、同学(同一学校)关系、兄弟(同父母所生)关系等也是等价关系,而师生关系、父子关系等,则明显不是等价关系。上面所举的选举、招聘中的关系更不是等价关系。

我们只有在选定了一个确定的等价关系之后,才能讨论两件事物是否"相同"这一类问题。

等价关系给我们提供了对事物进行分类的标准。在同一等价关系中满足等价关系的事物是同类的,不满足等价关系的事物是不同类的。属于同一类的事物认为是"相同"的,不同类的事物认为是"不相同"的。在"世界上没有两件事物是完全相同的"这一类命题中,同一类的事物都只算"一件"。这样,就有了一个定准:同一类的事物是完全相同的,没有两类事物是完全相同的。

例如,数学中的同余关系是等价关系。以任一固定的正整数 m 为模,可以把全体整数按照余数的不同分类,凡用 m 除后余数相同的归为一类,这样就可以把全体整数分为 m 个类:

{0}表示用 m 除余数为 0 的数所成的类,{1}表示用 m 除余数为 1 的数所成的类，余可类推，这 m 个类称为模 m 的剩余类。例如，设模 $m=3$，则模 3 的 3 个剩余类是：

$$\{0\}=\{\cdots, -6, -3, 0, 3, 6, \cdots\}$$

$$\{1\}=\{\cdots, -5, -2, 0, 1, 4, \cdots\}$$

$$\{2\}=\{\cdots, -4, -1, 0, 2, 5, \cdots\}$$

在这个等价关系之下，同一类中的任何两个数都可以认为是相同的，不同类中两个数认为是不同的。

白龙马与白马非马

《西游记》第十五回写唐僧与孙行者途经蛇盘山鹰愁涧，突然钻出一条龙来，把唐僧骑坐的白马吞食。孙悟空找到小白龙向他索要马匹，两人大战一场，小白龙不是孙悟空的对手，便逃回水底隐藏起来，任凭孙悟空百般辱骂，他也只推耳聋。孙行者回见唐僧又被唐僧抢白，便跳到涧边把鹰愁陡涧彻底澄清的水搅得似那九曲黄河泛涨的波。小白龙气不过跳将出去与孙行者苦斗，但委实难搪便变作水蛇钻入草中，再不见影踪。孙悟空正无可奈何之际，奉命沿路保护唐僧取经的金头揭谛去南海请来了观世音菩萨，菩萨便对孙悟空说道："那条龙，是我亲奏玉帝，讨他在此，专为求经人做个脚力。你想那东土来的凡马，怎历得这万水千山？怎到得那灵山佛地？须是得这个龙马，方才去得。"菩萨叫揭谛道："你去涧边叫一声'敖闰龙王玉龙三太子，你出来，有南海菩萨在此。'他就出来了。"三太子便化作人形，出来见菩萨。菩萨上前，把那小龙的项下明珠摘了，将杨柳枝蘸出甘露，往他身上拂了一拂，吹口仙气，喝声叫"变！"那龙即变作唐僧原来那匹马的样子。唐僧骑着这匹由小白龙变来的马，继续走上了取经的道路。

这匹小白龙马是龙变的，他算不算一匹马？这是一个很难说清楚的问题，离开了数学，你也许永远说不清楚。

我国战国时期学派林立，百家争鸣。其中以公孙龙为代表的名家学派提出了一个著名的"白马非马"命题。他指出：要马，黄马、黑马都可以；要白马，则黄马、黑马都不行了，可见"白马非马"。对于公孙龙的命题，当时的大多数人都不能接受，但也没有足够的理由驳倒他，只好称之为"诡辩"。

另一方面，名家学派虽然在理论上主张"白马非马"，但在某些实际问题中，又常常自觉或不自觉地承认"白马是马"。《韩非子·外储说左上》里有一篇寓言说，倪说是宋国一个善于辩论的人，他主张"白马非马"的学说。齐国稷下的许多辩士都辩不过他，对他表示折服。可是有一次他过关时雇了一匹白马代步，却按照雇马的价格付费。所以，讲空洞的理论，他可以战胜一国的人；但对实际的问题，他却一人也蒙不过。这则寓言就是讽刺名家学派这种矛盾言行的。

当时这场学术上的争论，就在于人们还没有弄清一般与个别的关系，同时不自觉地使用了语言的歧义。个别与一般的关系，在历史上曾长期纠缠不清，一直是哲学家争论的课题。

唐朝的大文豪韩愈写过一篇脍炙人口的文章——《杂说四·马说》，其中一开头就是那段流传千古的名言：

世有伯乐，然后有千里马。千里马常有，而伯乐不常有。故虽有名马，祗辱于奴隶人之手，骈死于槽枥之间，不以千里称也。

这段话的意思是不难理解的，通常也不会令人产生误解。但若仔细推敲，却有些逻辑混乱。首先，既然要先有伯乐，然后才有千里马，而伯乐不常有，千里马怎么会常有呢？其次，伯乐虽然不常有，但毕竟总还是有。因此，总会有那么一小批幸运的千里马，碰上不常有的伯乐而得到千里马之称，怎么说它们都只能"辱于奴隶人之手"，和普通的马一样死在马槽里呢？原来这段话中所用的几个"千里马"，虽然名称相同，但是实际的意义并不完全一样。"千里马常有，而伯乐不常有"这句话中的"千里马"，指的是所有的具有千里马资质的马的总体，是一个最一般的概念。"世有伯乐，然后有千里马"中的"千里马"，则是指上述总体中个别被伯乐相中，因而出了名的千里马，是总体中的极少部分，是个别的概念。而那些"辱于奴隶人之手"，不能以"千里称也"的千里马，又是上述总体的另一部分，即具有千里马的资质但却未被发现的那部分。它们可用图1表示。

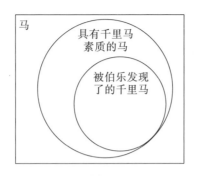

图1

三种代表不同概念的"千里马"，在韩愈这段短文中都用同一个词来表示，就难免发生混乱了。其实，韩愈本人也早已注意到这样将个别与一般的概念混用，是会令人产生误解的，有必要加以明确的界定。他在另一篇题为《送温处士赴河阳军序》的文章中说：

伯乐一过冀北之野，而马群遂空。夫冀北马多天下。伯乐虽善知马，安能空其郡邪？解之者曰："吾所谓空，非无马也，无良马也。……"

在这段话里，"冀北马多天下"的马与"马群遂空"的马，是两个不同的概念。前者指一般的马，后者指良马，它们是一般与个别的关系，或者说是整体与部分的关系。

怎样弄清个别与一般的概念？最后不能不归功于数学。数学的看家本领，就是设法把不清楚的概念弄清楚。在数学中引进了集合的概念之后，个别与一般的概念也就随之而清楚了。

所有的马，不管是白马或黑马，好马或劣马，大马或小马，小白龙马或普通马，统统拿来构成一个集合，这个集合叫做马集合。每一匹具体的马都是这个集合的元素。同样，所有的白马也构成一个集合，每一匹具体的白马都是这个集合的元素。同时，白马集合又是马集合的子集。小白龙马是马集合的一个元素，但也是马集合的一个子集，这个子集是一个单元素集合，即只有一个元素的集合。

集合与集合之间还可以进行运算：把集合 A 与集合 B 的元素放在一起，除掉重复的以后，作成一个新集合 C，称 C 为 A 与 B 的并集，记作 $C=A \cup B$。

取集合 A 与集合 B 的相同元素作成一个集合 D，叫做 A 与 B 的交集，记作 $D=A\bigcap B$。当 A 与 B 没有相同的元素时，则 D 是空集，这时说 A 与 B 不相交，记作 $A\bigcap B=\varnothing$。设 U 是全集，A 是 U 的一个子集，取 U 中一切不属于 A 的元素组成一个集合，称为 A 的补集，记作 $\overline{A}$。显然，$A\bigcap\overline{A}=\varnothing$。

并集、交集、补集之间的关系，通常可用韦恩图（也称文氏图）表示。图 2 中的矩形表示全集 I，圆 A 和圆 B 表示 I 的子集。图 2 中的阴影部分别表示 A 与 B 的并集、A 与 B 的交集和 A 的补集。

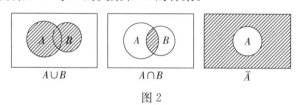

图 2

有了集合的概念以后，个别与一般的问题就容易解决了。有了集合的概念之后，一切名词，要么作为一个元素而存在，要么作为一个集合而存在。一切名词相互之间的关系就只有三种可能的情形：

元素与元素的关系；

元素与集合的关系；

集合与集合的关系。

很明显，元素与元素的关系只有相同和不相同两种。两个元素 x，y 相同，记作 $x=y$；两个元素不相同，则记作 $x\neq y$。

元素与集合的关系有两种：属于或不属于。元素 x 是集合 A 的元素，称为 x 属于 A，记作 $x\in A$；x 不是集合 A 的元素，称为 x 不属于 A，记作 $x\notin A$。

集合与集合的关系有两种。如果集合 A 的元素都是集合 B 的元素，则说 A 包含于 B，或 B 包含 A，记作 $A\subseteq B$ 或 $B\supseteq A$，若 $A\subseteq B$，且 $B\subseteq A$，则 $A=B$；如果集合 $A\subseteq B$，但存在元素 $x\in B$，且 $x\notin A$，则称集合 A 是集合 B 的真子集，记作 $A\subsetneqq B$ 或 $B\supsetneqq A$。

建立了集合的概念之后，我们就能很好地分辨"白马非马"这个命题了。

由于汉语中某些词的多义性，"马"可以指集合，但有时也可以指具体的元素；同样地，白马可以指集合，有时也可以指具体的某一元素。还有"非"

字，也是多义的。"非"是"是"的反面，"是"有"等于""属于""包含于"三种含义；反过来，"非"就有"不等于""不属于"或"不包含于"的意思。这样一来，"白马非马"这一命题，由于对"白马""非""马"这三个词的理解不同，至少可以提出 $2×3×2=12$（种）不同含义的命题。这些命题有些是成立的，有些则是不成立的。

现在将这12种可能的命题列表于下：

白马	非	马	白马非马的意义	正确与错误
元素 b	不等于	元素 a	一匹白马不等于一匹马	错
元素 b	不等于	集合 A	一匹白马不等于马集合	对
集合 B	不等于	元素 a	白马集合不等于一匹马	对
集合 B	不等于	集合 A	白马集合不等于马集合	对
元素 b	不属于	元素 a	一匹白马不属于一匹马	对
元素 b	不属于	集合 A	一匹白马不属于马集合	错
集合 B	不属于	元素 a	白马集合不属于一匹马	对
集合 B	不属于	集合 A	白马集合不属于马集合	对
元素 b	不包含于	元素 a	一匹白马不包含于一匹马	对
元素 b	不包含于	集合 A	一匹白马不包含于马集合	对
集合 B	不包含于	元素 a	白马集合不包含于一匹马	对
集合 B	不包含于	集合 A	白马集合不包含于马集合	错

由此可见，在对"白马非马"可能的12种不同理解中，有9种是正确的，在随机使用"白马非马"这一命题时，正确的概率达到了75%。

反证法辨明假师徒

《西游记》第三十九回中，孙悟空求得九转还魂丹救活了乌鸡国王，于是师徒与国王五人前往乌鸡国揭穿真相。妖怪变的假国王与孙悟空打斗一番之后，自知不是对手，便摇身一变，变作唐僧。两个唐僧在一起，真假难分，孙悟空对两个都不敢下手。猪八戒却想到了紧箍咒，便要孙悟空忍痛，请师傅念咒。念着痛的是真师傅，念着不痛的是假师傅。妖怪哪里会念咒，露出了原形，在逃跑的路上被文殊菩萨用照妖镜收走了。

无独有偶，第四十二回写到唐僧被红孩儿掳去，孙悟空为了救出师傅，趁红孩儿差小妖请父亲牛魔王来吃唐僧肉的机会，变作红孩儿的父亲牛魔王，言语中让红孩儿起了疑心，但又无法辨别坐在洞里的是不是自己的父亲，于是心生一计，假意问道："（张道龄）问我是几年、那月、那日、那时出世，孩儿因年幼，记得不真。……今请父王，正欲问此。"孙悟空答不上来，马上被红孩儿识破，只好现出原形，扬长而去。

这两个故事都使用了一种特殊的反证法，这个反证法的模式是：

(1)要证明 A 不是 B，先找出只有 B 才具有的一种性质 b；

(2)检验 A 没有性质 b，所以 A 不是 B。

反证法是反驳别人意见时惯用的有力手段。为了揭露某一见解的错误，开始并不反驳，反而完全接纳这一见解，并且过分地强调它，突出它，然后顺着接纳这一见解的思路推演下去，却引出一个明显的谬误，从而证明这一见解是不能接受的。

在柏拉图的《理想国》中有一个关于反证法的有名例子。

先是苏格拉底问："……到底什么是正义呢？难道只要说实话，欠债还钱就可以称之为正义吗？如果这就是正义，那偶尔破例还能称得上正义吗？假如一个朋友神志清醒时把武器存放在我那儿，在神志不清时向我要回，我该还给他吗？没有人会觉得我还给他是应该的或是正义的，也没有人觉得我应该和一个疯子说实话吧？"

塞弗罗斯说："你说得有道理。"

苏格拉底说："既然如此，那说实话和欠债还钱就不是正义的定义。"

古希腊人很喜欢反证法。这是形式逻辑学的精华，也是古代数学的结晶，因而能流传到现在。数学中将这一思想规范化，形成了一种称为反证法的证题方法。数学中许多重要的定理，特别是一些基础性的定理都是通过反证法来证明的。

在数学证明中反证法经常用到。

例 1 求证：数列 11，111，1111，…中没有一个是完全平方数。

证明 假设该数列中有完全平方数，则必是某奇数的平方。任何奇数的平方模 8 的余数为 1。

因为 1000 是 8 的倍数，所以数列中从第二项起，模 8 的余数都与 111 模 8 的余数相同，而 $111 \equiv 7 \pmod 8$，所以数列中从第二项起没有完全平方数。剩下的第一项 11，显然也不是平方数。因此，数列中没有完全平方数。

例 2 将所有 1 到 64 的整数任意填写在 8×8 的方格纸中，证明：在其中可以找到相邻的两数，其差不小于 5。

证明 先找到填写着数 1 的格子，从该格沿 1 所在的行移到含有数 64 的列，再沿该列移动到写有数 64 的格子。最多经过了 14 个空格（横行 7 个，纵列 7 个）。

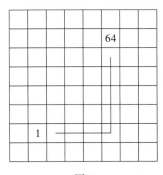

图 1

若图中任意相邻两格的数之差都小于 5，则从写有 1 的格子移动 14 个空格后最多能增加 $4 \times 14 = 56$，而 $1 + 56 = 57 < 64$，这一矛盾证明了至少有两个相邻空格所填之数相差不小于 5。

例 3 在一个正三角形中，将三边分别指定为第一边、第二边、第三边，自第一边的中点 A_1 向第二边作垂线，垂足为点 A_2；自点 A_2 向第三边作垂线，垂足为点 A_3；自点 A_3 向第一边作垂线，垂足为点 A_4；如此依次作垂线，得点列 A_1，A_2，A_3，$\cdots$，A_n，$\cdots$。证明：这个点列中任何两点都不重合。

证明 用反证法。不失证明的普遍性，设正三角形的边长为 1。如图 2，设点 B，C，D 分别为正三角形的三顶点。凡第一、第二、第三边上的点都分别取它与 C，B，D 的距离来记它的位置。一般若记 A_i 的位置为 $u_i (i = 1, 2, \cdots)$，则根据"直角三角形中 $30°$ 角所对的直角边等于斜边的一半"这一结论有

$$u_1 = \frac{1}{2},$$

$$u_2 = \frac{1}{2}\left(1 - \frac{1}{2}\right) = \frac{1}{2} - \frac{1}{2^2},$$

$$u_3 = \frac{1}{2}\left[1 - \frac{1}{2}\left(1 - \frac{1}{2}\right)\right] = \frac{1}{2} - \frac{1}{2^2} + \frac{1}{2^3},$$

$\cdots$

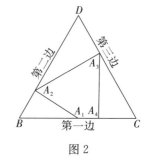

图 2

$$u_n = \frac{1}{2} - \frac{1}{2^2} + \frac{1}{2^3} - \cdots + (-1)^{n+1}\frac{1}{2^n},$$

假定有 A_r 与 A_s 重合 $(r < s)$，则必 $u_r = u_s$，即

$$u_r - u_s = (-1)^{r+1} \cdot \frac{1}{2^{r+1}} + \cdots + (-1)^s \cdot \frac{1}{2^s}$$

$$= (-1)^{r+1} \cdot \frac{1}{2^{r+1}} \cdot \frac{1 - \left(-\frac{1}{2}\right)^{s-r}}{1 - \left(-\frac{1}{2}\right)} = 0$$

故有 $1 = \left(-\frac{1}{2}\right)^{s-r}$，$s - r = 0$，$s = r$，与 $s > r$ 矛盾，因而命题得证。

例 4 "全国高中数学联合竞赛"开始于 1981 年,那一年的加试试题中,有这样一道试题:

组装甲、乙、丙三种产品,要用 A,B,C 三种零件,每件甲产品需用 A,B 各 2 个;每件乙产品需用 B,C 各一个;每件丙产品需用 2 个 A 和一个 C。用库存的 A,B,C 三种零件,如组成 p 件甲产品、q 件乙产品和 r 件丙产品,则剩下 2 个 A 零件和 1 个 B 零件,但 C 零件恰好用完。试证:无论如何改变产品甲、乙、丙的件数,也不能把库存的 A,B,C 三种零件都恰好用完。

分析 标准答案的解答用到了不定方程。笔者曾借助于易卦符号用反证法给了一个比较直观的证法。

证明 如图 3,用 1 个阳爻表示零件 A,2 个阳爻表示零件 B,4 个阳爻表示零件 C。

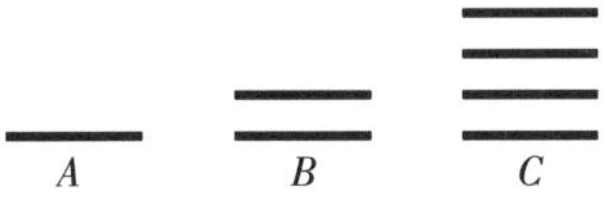

图 3

把每一件产品看成是由组成它的零件堆叠起来的,则以下组合都可以用一个 6 个阳爻的乾卦表示(如图 4):

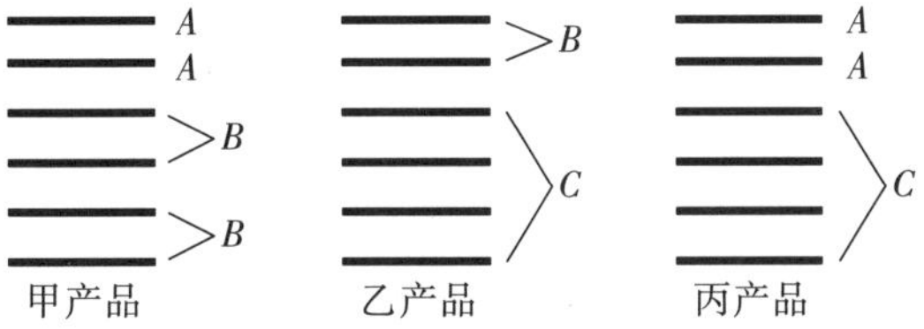

图 4

不管哪种产品,每件都由 6 个阳爻组成。根据题设条件剩下的零件是 2 个 A 和 1 个 B,只有 4 个阳爻,它只能组成一个像图 5 那样的"半成品"。

图 5

因此,不管你如何改变三种产品件数的比例,每件合格的产品仍然组成一个 6 个阳爻的乾卦,剩下的仍然只有 4 个阳爻,不能把它组成含有 6 个阳爻的乾卦。这就证明了本题所要的结论。

这个问题的数学背景是赋值方法。赋值是这样一种数学思想方法:在处理一些没有明显的数量关系的对象时，为了论证的需要，将每一对象按一定的规律映射为一个特殊的数值，然后研究这些数值的规律，或者进行某些运算，使题中隐蔽的条件和关系明朗化，从中发现规律，以期找到解决问题的途径。例如，在本题中，我们还可以规定三种零件的价格分别是 1 元，2 元和 4 元，使每件产品的价格都是 6 元；或者规定三种零件的质量分别是 1 千克，2 千克和 4 千克，使每件产品的质量都是 6 千克。这样做就是使三种不同的产品转化为一种数，以达到简化论证的目的。如果不做转化，按通常的解法就要列不定方程来解，那是比较麻烦的。

方以类聚，物以群分

《西游记》第六十二～六十三回说唐僧师徒来到祭赛国，只见六街三市，货殖通财，又见衣冠隆盛，人物豪华。正行时，忽见有十数个和尚，一个个披枷戴锁，沿门乞化，着实的蓝缕不堪。三藏叹曰："兔死狐悲，物伤其类。"便叫孙悟空上前去问他们一声，为何这等遭罪？原来这些人都是护国金光寺的和尚，唐僧等人便到金光寺来打听详细情况。寺里僧众告诉唐僧：此城名唤祭赛国，乃西邦大国。我们这个金光寺，自来宝塔上祥云笼罩，瑞霭高升；夜放霞光，万里有人曾见；昼喷彩气，四国无不同瞻。因此，邻邦敬仰，四夷朝贡，美玉明珠，娇妃骏马，常年不断。只是三年之前，孟秋朔日，夜半子时，下了一场血雨。天明时，家家害怕，户户生悲，不知天公甚事见责。朝中众臣竟诬蔑是我寺里僧人偷了塔上宝贝。昏君更不明察，任由赃官将我僧众拿了去，千番拷打，万般逼供。当时寺里有三辈和尚，前两辈已被拷打致死，如今又捉我辈问罪。方以类聚，物以群分，万望大师大慈大悲，伸出援手，广施法力，拯救我等性命。

孙大圣等终于查明，原来是一个九头虫精兴妖作怪，盗去宝贝，降下血雨。孙大圣等齐心协力，除了妖魔，夺回宝贝，重新安放在金光寺宝塔之上，解救了寺中和尚，为之平反昭雪。

金光寺和尚们所说的"方以类聚，物以群分"，源出于《周易·系辞上》，它的意思是说：宇宙之间的一切事物以其行为方式相类似而聚集，一切生物以其本性差异而分群。非常有趣的是，许多现实中的事物和数学中的概念，都可以用群来分类。《易经》中的八卦，也实实在在的是一个群。古人虽然没有现代数学中群的概念，但是他们把群的实例做出来了。

群是现代数学中一个极为重要的概念。它是 19 世纪法国青年数学家伽罗瓦在研究五次以上代数方程的解法时引进的。群在数学的各个分支中，在许多理论科学和技术科学中都有十分重要的应用。如相对论中的洛伦兹群，量子力学中的李群，都是现代科学中常识性的工具。今天群论已发展成为一门艰深的数学分支。我们将看到，《易经》中的八卦，在适当地定义运算之后，易卦集就成为一个交换群。

什么叫群呢？

设 G 是一个非空集合，在 G 中定义一种二元运算(通常把这个运算叫做乘法，乘号一般省略不写)，如果这个运算满足下列条件：

(1)乘法运算是封闭的，即对任意的 a，$b \in G$，其积 $ab=c$ 仍是 G 中的元素。

(2)乘法运算满足结合律，即对任意的 a，b，$c \in G$，都有

$$(ab)c=a(bc)$$

(3)G 中有一个单位元，即 G 中存在元素 e，对于任意的 $a \in G$，都有

$$ea=ae=a$$

(4)G 中每一个元素都有逆元，即对任意的 $a \in G$，G 中存在元素 a^{-1}（a^{-1} 可以与 a 相同），使得

$$aa^{-1}=a^{-1}a=e(单位元)$$

则称集合 G 为一个群。

群的乘法一般不要求满足交换律。如果群 G 的乘法还满足交换律，即对任意的 a，$b \in G$，都有

$$ab=ba$$

则称 G 为交换群或阿贝尔群。

一个最简单的群的例子是 $M=\{1，-1\}$，M 的乘法是普通的有理数乘法"×"，我们来逐条验证 M 满足群的四个条件：

(1)$1 \times 1=1$，$1 \times (-1)=-1$，$(-1) \times 1=-1$，$(-1) \times (-1)=1$。可见 M 对于乘法是封闭的。

(2)M 的乘法是普通的乘法，有理数的乘法满足结合律和交换律，M 的

乘法当然也满足结合律和交换律。

（3）因为 M 中的 1 对于 M 的全部元素 1 和 -1 都满足 $1\times1=1$，$1\times(-1)=(-1)\times1=-1$，所以 1 是 M 的单位元。

（4）因为 $1\times1=1$，$(-1)\times(-1)=1$，即 M 的元素 1 有逆元 1，-1 有逆元 -1。

由此可见，集合 M 满足群的所有条件，所以 M 是一个群；同时因乘法满足交换律，故 M 是一个交换群。

有理数乘法的符号规则是"同号相乘得正，异号相乘得负"。仿照有理数乘法的符号规则，我们给易卦的爻集 $A=\{\text{—},\text{- -}\}$ 定义一个乘法。

将 A 中的阳爻"—"与 1 对应，阴爻"- -"与 -1 对应，定义 A 的乘法如图 1 所示。这个乘法可简称为"同性得阳，异性得阴"。

×	1	−1
1	1	−1
−1	−1	1

×	—	- -
—	—	- -
- -	- -	—

图 1

定义了这个乘法之后，由于阴阳爻所成之集 $A=\{\text{—},\text{- -}\}$ 与有理数集 $M=\{1,-1\}$ 的元素建立了一一对应关系和性质完全相似的乘法运算，因此 A 与 M 之间建立了同构关系，M 的一些性质，在 A 中也有相对应的性质。也就是说，A 和 M 一样也是一个群。

类似地，《易经》中的两仪、四象、八卦等在"同爻得阳，异爻得阴"的乘法下都成为一个交换群。

1. 两仪群

两仪集 $L=\{\text{—},\text{- -}\}$ 与前面提到的群 $M=\{1,-1\}$ 同构，M 是一个交换群，所以两仪集 $L=\{\text{—},\text{- -}\}$ 也是一个交换群。

2. 四象群

考虑四元素集合 $K=\{a,b,c,e\}$，规定它的一个乘法如图 2，则不难直接验证，K 是一个交换群，这个群是数学中著名的克莱因四元群。它也与

《易经》中的四象集合 $S=\{$ ☰ ，☲ ，☳ ，☷ $\}$ 在"同爻得阳，异爻得阴"的乘法中所成的群同构（图3）。

	e	a	b	c
e	e	a	b	c
a	a	e	c	b
b	b	c	e	a
c	c	b	a	e

图 2　　　　　　　　图 3

K 的单位元是 e，每个元都是自己的逆元。S 的单位元是 ☰ ，每个元都是自己的逆元。

3. 八卦群

八卦集合 $B=\{$ ☷ ，☶ ，☵ ，☴ ，☳ ，☲ ，☱ ，☰ $\}$ 在"同爻得阳，异爻得阴"的乘法之下，不难直接验证，八卦集合 B 是一个交换群。显然乾卦"☰"是八卦群 B 的单位元，八卦中每一个卦都是自己的逆元。

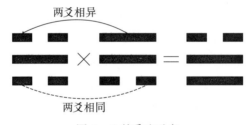

图 4　八卦乘法示意

4. 重卦群

同样可以直接验证，64 个重卦的集合 $G=\{$ ䷀，䷁，…，䷿ $\}$ 也是一个交换群。

设 G 是一个群，H 是 G 的一个子集合，如果对 G 的乘法，H 本身也是一个群，则称 H 为 G 的子群。

对于重卦群 G，有许多有趣的子群，如

单位元 ䷀ 可作成 G 的一个子群：$E=\{$ ䷀ $\}$；

乾☰、坤☷两卦也可作成 G 的一个子群：$R=\{☰,☷\}$；

乾☰、坤☷、坎☵、离☲四卦也可作成 G 的一个子群：$H=\{☰,☷,☵,☲\}$。

易见，E，R，H，G 中，前一个依次是后一个的子群。

现在我们介绍由八卦定义的另一种群——八卦变换群。

集合 B 的卦有 8 种"变卦"方法（即把一个卦改变成另一卦的方法），称为"变换"，它们是：

G_0——不改变 B 中任何一卦的爻性；

G_1——改变 B 中每一卦下爻的爻性；

G_2——改变 B 中每一卦中爻的爻性；

G_3——改变 B 中每一卦上爻的爻性；

G_{12}——改变 B 中每一卦下、中两爻的爻性；

G_{13}——改变 B 中每一卦下、上两爻的爻性；

G_{23}——改变 B 中每一卦中、上两爻的爻性；

G_{123}——改变 G 中每一卦下、中、上三爻的爻性。

定义两个变换 S，T 的乘法 $S\times T$ 是先对卦按 T 做变换，然后再对 T 变换的结果做 S 变换。请读者自行验证，集合 $C=\{G_0,G_1,G_2,G_3,G_{12},G_{13},G_{23},G_{123}\}$ 作成一个八元群（可称为八卦对称群，注意它的元素是变换，不是卦）。G_0 是它的单位元，每一个变换都是它自己的逆元。

取经队伍的数学礼赞

唐三藏自从离开东土，赴西天取经，一出国境，两位随从就在一个叫双叉岭的地方被妖怪吃了。唐僧形单影只，连性命都朝不保夕，哪里还有能力到得西天，幸亏太白金星搭救了他。接着唐三藏又在五行山收了大徒弟孙悟空，孙悟空法力广大、本领高强，取经的队伍实力大大加强了。接下来唐僧又在高家庄收了第二个徒弟猪悟能，取经团队扩大到三人。最后在流沙河又收了第三个徒弟沙悟净，到此，唐僧的取经团队人员全部到齐。人强马壮，志同道合，各尽所能，各司其职。师徒四众，了悟真如，顿开尘锁，自跳出性海流沙，浑无挂碍，径投大路西来。历遍了青山绿水，看不尽野草闲花。这个团队经历了多次危难，还闹过几番矛盾，终于取得真经，修成正果。

数百年来多少文艺作品对这个取经团队进行赞美，数学人也可以借助数学元素来描述他们的团队，寓精神于算题，寄形象于图形。

1. 巧妙组合

图1所示是大小不一、形状各异的 4 个图片，你能把它们拼成图 2 所示的两个图形吗？

图1　　　　　　　　　　　图2

图 2 中的两个图形，右边的像香炉，左边的像烛台，是禅门佛寺香火长盛不衰的标志。唐僧取经团队经历不同，出身互异，但能紧密无间地结合在

一起,不是与 4 块拼板拼成的佛门形象相吻合吗?

2. 稳健结构

你能用 6 根火柴组成 4 个正三角形吗?在一个平面上是无法做到的,但在空间中却很容易做到。先用 3 根火柴做一个底面正三角形,然后用其余的 3 根火柴做一个三棱锥的侧棱,这是一个正四面体,它的 4 个面都是正三角形(图3)。平面图形中最稳定的是正三角形,空间图形中最稳定的是正四面体。

当把一个正四面体垂直投射到底面上时,它看起来像图 4 那样。另外一种投影是一个正方形带一条对角线(图 5)。

图 3   图 4   图 5

如果把四面体的 4 个面涂上 4 种不同的颜色,然后把湿的模型在平面上翻滚,就能得到如图 6 所示的镶嵌图案。值得注意的是,不论你向哪个方向来回翻滚四面体,颜色都不会混杂。

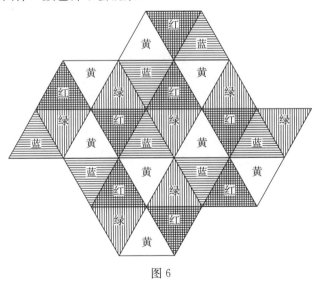

图 6

3. 巨大法力

取经团队必须具备强大的能力，才能排除万难，战胜一切艰难险阻、妖魔鬼怪。这个数学游戏可以检查一下他们的创造能力。

用4个相同的任意数码(1～9中的任何一个)，构造计算结果为1～10的算式。其中除了使用"＋""－""×""÷"及括号之外，还可使用"$\sqrt{}$"(开平方取算术根)、"!"(阶乘)、"[ ]"(取整数，如$[2.5]=2$，$[\pi]=3$)。

构造运算结果为1，2，3的算式有统一的构造方法。

设$m \in \{1，2，3，4，5，6，7，8，9\}$，则有

$(m \div m) \times (m \div m) = 1$；

$m \div m + m \div m = 2$；

$(m + m + m) \div m = 3$。

对于运算结果大于3的算式没有统一的构造方法，现分别提供一种构造方式：

(1)当$m=1$时：

$1+1+1+1=4$，　　$(1+1+1)!-1=5$，　　$(1+1+1)! \times 1=6$，

$(1+1+1)!+1=7$，　　$[\sqrt{11}]!+1+1=8$，　　$11-1-1=9$，

$11 \times 1 - 1 = 10$；

(2)当$m=2$时：

$2 \times 2 + 2 - 2 = 4$，　　$2 \times 2 + 2 \div 2 = 5$，　　$2 \times 2 + \sqrt{2} \times \sqrt{2} = 6$，

$2 \times 2 \times 2 - [\sqrt{2}] = 7$，　　$2+2+2+2=8$，　　$2 \times 2 \times 2 + [\sqrt{2}] = 9$，

$2 \times 2 \times 2 + 2 = 10$；

(3)当$m=3$时：

$\sqrt{3} \times \sqrt{3} + 3 \div 3 = 4$，　　$3+3-3 \div 3 = 5$，　　$3+3+3-3=6$，

$3+3+3 \div 3 = 7$，　　$3 \times 3 - 3 \div 3 = 8$，　　$3 \times 3 + 3 - 3 = 9$，

$3 \times 3 + 3 \div 3 = 10$；

(4)当$m=4$时：

$4+4-\sqrt{4} \times \sqrt{4} = 4$，　　$\sqrt{4} \times \sqrt{4} + 4 \div 4 = 5$，　　$4+(4+4) \div 4 = 6$，

$44 \div 4 - 4 = 7$,　　　　$4 + 4 + 4 - 4 = 8$,　　　　$4 + 4 + 4 \div 4 = 9$,

$\sqrt{4} + \sqrt{4} + \sqrt{4} + 4 = 10$;

(5)当 $m = 5$ 时：

$\sqrt{5} \times \sqrt{5} - 5 \div 5 = 4$,　　　$\sqrt{5} \times \sqrt{5} + 5 - 5 = 5$,　　　$\sqrt{5} \times \sqrt{5} + 5 \div 5 = 6$,

$[\sqrt{5}] + 5 \times 5 \div 5 = 7$,　　　$[\sqrt{5}] + 5 + 5 \div 5 = 8$,　　　$5 + 5 - 5 \div 5 = 9$,

$5 + 5 + 5 - 5 = 10$;

(6)当 $m = 6$ 时：

$6 - (6 + 6) \div 6 = 4$,　　　$\sqrt{6} \times \sqrt{6} - 6 \div 6 = 5$,　　　$\sqrt{6} \times \sqrt{6} + 6 - 6 = 6$,

$\sqrt{6} \times \sqrt{6} + 6 \div 6 = 7$,　　　$6 + (6 + 6) \div 6 = 8$,　　　$[\sqrt{6}] + 6 + 6 \div 6 = 9$,

$[6 \times \sqrt{6}] - [\sqrt{6}] \times [\sqrt{6}] = 10$;

(7)当 $m = 7$ 时：

$77 \div 7 - 7 = 4$,　　　　$7 - (7 + 7) \div 7 = 5$,　　　$\sqrt{7} \times \sqrt{7} - 7 \div 7 = 6$,

$\sqrt{7} \times \sqrt{7} - 7 + 7 = 7$,　　　$\sqrt{7} \times \sqrt{7} + 7 \div 7 = 8$,　　　$7 + (7 + 7) \div 7 = 9$,

$[\sqrt{7}] + 7 + 7 \div 7 = 10$;

(8)当 $m = 8$ 时：

$8 \times 8 \div (8 + 8) = 4$,　　　$8 - [\sqrt{8}] - 8 \div 8 = 5$,　　　$8 - (8 + 8) \div 8 = 6$,

$\sqrt{8} \times \sqrt{8} - 8 \div 8 = 7$,　　　$\sqrt{8} \times \sqrt{8} - 8 + 8 = 8$,　　　$\sqrt{8} \times \sqrt{8} + 8 \div 8 = 9$,

$8 + (8 + 8) \div 8 = 10$;

(9)当 $m = 9$ 时：

$\sqrt{9} + 9 \div \sqrt{9} \div \sqrt{9} = 4$,　　　$\sqrt{9} + (9 + 9) \div 9 = 5$,　　　$\sqrt{9} + \sqrt{9} + 9 - 9 = 6$,

$9 - (9 + 9) \div 9 = 7$,　　　$99 \div 9 - \sqrt{9} = 8$,　　　$9 + 9 - \sqrt{9} \times \sqrt{9} = 9$,

$\sqrt{9} \times \sqrt{9} + 9 \div 9 = 10$。

4. 四大皆空

四大是佛教用语。古印度哲学认为地、水、火、风是组成宇宙的四大元素。佛教中的"四大"是指：坚性的地大，湿性的水大，暖性的火大，动性的风大。四大皆空指世界上一切都是虚幻的，也形容心境超脱豁达，一无牵挂。最后我们来玩一个四角皆空的数学游戏。

作一个正方形的外接正方形，使两者的边成 45°角，再如此依次作外接正方形，如图 7。我们首先在原始正方形的四个顶点随机写上四个数，例如 1，3，5，7，然后把内接正方形每边上两个顶点所写数之差的绝对值，写在外接正方形相应的顶点(即与此边构成三角形的外接正方形的顶点)上。如此递推，有限次之后，则会出现外接正方形四个顶点上皆为零的结果。你能说出它的道理吗?

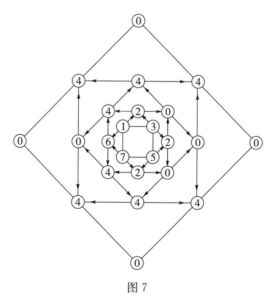

图 7

蜘蛛和兔子

一轮明月满乾坤

《西游记》第三十六回写道：唐僧师徒四人一路玩着山景，信步行时，早不觉红轮西坠。正是：

> 十里长亭无客走，九重天上现星辰。
>
> 八河船只皆收港，七千州县尽关门。
>
> 六宫五府回官宰，四海三江罢钓纶。
>
> 两座楼头钟鼓响，一轮明月满乾坤。

于是师徒们放开马，赶到宝林寺借宿。晚上唐僧见明月当天，便叫徒弟们都出来侍立。因感这月清光皎洁，玉宇深沉，真是一轮高照，大地分明。于是对月抒怀，口占古风长篇一首。

孙行者听了，近前说道："师父啊，你只知月色光华，心怀故里，更不知月中之意，乃先天法象之规绳也。"孙行者接着给唐僧讲了月圆月缺的道理，唐僧听说，一时解悟，明彻真言，满心欢喜，称谢了悟空。

蒋声、陈瑞琛编的《趣味算术》一书中，利用这首诗编了一道有趣的数学题：

将 10 个阿拉伯数字倒序排成一行：

$$10 \quad 9 \quad 8 \quad 7 \quad 6 \quad 5 \quad 4 \quad 3 \quad 2 \quad 1$$

不打乱顺序，添加适当的数学符号，组成十个算式，使计算结果分别等于 10，9，8，7，6，5，4，3，2，1。例如：

$$10+9-8-7+6+5-4-3+2\times1=10$$

$$(10+98-76)\times5\div4\div(3+2)+1=9$$

......

再看一个稍难一点的问题：

问题 用 0，1，2，…，8，9 这十个数字组成一个无重复数字的最大的十位数，使它能够被 11 整除。

分析 欲使所求十位数最大，应将较大的数字尽可能地放在前面，故可先按从大到小的顺序写出十位数 $A=9876543210$，然后再按要求对后面几个较小的数字调整顺序。

解 设所求的十位数奇数位与偶数位的数字之和分别为 m 和 n，则 $m+n=0+1+2+\cdots+8+9=45$，因为 $m-n$ 必须是 11 的倍数，且 $m+n$ 与 $m-n$ 同奇偶，$m-n$ 只能为奇数。显然 $m-n$ 不能大于或等于 33（若 $m-n\geqslant33$，则 $m\geqslant33+n\geqslant33+4+3+2+1+0=43$，而 m 的最大值为 $9+8+7+6+5=35$，矛盾），故 $m-n=11$。联立方程解得 $m=28$，$n=17$。

欲所求十位数最大，应将较大的数字尽可能地放在前面，故 A 的前四位数可令 $\overline{9876}$，因偶数位的 $8+6=14$，故偶数位其余三位数字之和只能为 $17-14=3$，即依次只能为 2，1，0，因此所求数 $A=9876524130$。

我们再谈谈另一个使人感兴趣的数学问题。

月亮每绕地球一圈，地球上就出现一次圆月。但因为月亮总是以同一面朝向地球，这意味着每当月球绕地球旋转一周时，月亮也自转了一圈，为什么会这样呢？要回答这个问题，我们可以按照谈祥柏主编的《趣味数学辞典》里提供的材料做一个实验：

在桌子上放两个相同的紧挨着（外切）的硬币，将其中一枚固定不动，另一枚沿着这一枚固定硬币的外沿做没有滑动的滚动。当滚动的硬币绕固定硬币滚动一周之后，滚动的硬币自转了几圈呢？这个问题的答案并不那么显而易见。也许有人认为，滚动硬币也是自转一圈。错了！实际上是两圈。如果你不信，动手实验一下就会发现，滚动硬币的确是转了两圈而不是一圈。

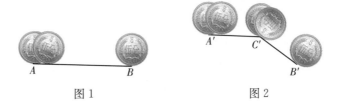

图 1   图 2

设一个圆的半径为 R，当该圆沿一条直线滚动 $2\pi R$ 的长度时，动圆自转了一圈，这是毫无疑问的(图1)。但是，如果将上面所说的长度为 $2\pi R$ 的直线段折成一个夹角为 α 的折线，如图2，$\angle A'C'B' = \alpha$，当动圆沿这条折线滚动时，情况就不一样了。当动圆从 A' 滚动到 B' 时，除了要自转一圈，还要再加上一个角度 $2\pi - \alpha$，即 $\dfrac{2\pi - \alpha}{2\pi}$ 圈。

由图2容易看出，动圆从 A' 沿折线 A'—C'—B' 滚动到 B'，比起沿直线从 A 滚动到 $B(AB = A'C' + C'B' = 2\pi R)$，要多转一个角度 $2\pi - \alpha$。进一步地讲，如果把一条长为 $2\pi R$ 的线段折成一个 $n(n \geqslant 3)$ 边形(图3)，当动圆沿这个多边形的周边无滑动地滚动，从多边形上的某点 A 开始，回到 A 点时，动圆共转了一圈，再加上多边形的外角和 $\alpha_1 + \alpha_2 + \cdots + \alpha_n$。因为任何一个凸多边形的外角和都是 $360°$，所以动圆这时滚动了一圈再加一圈，即两圈。又因为一个圆可以近似看成是一个边数无限增加的正多边形，所以把上面的凸多边形换成周长为 $2\pi R$ 的圆之后，仍得到相同的结论。

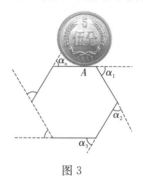

图 3

由于受到地球引力的作用，月球在其以每 29 天多绕行地球一圈的周期(相对于太阳)中，虽然始终以固定的一面面向地球，但如上所述，每一次"月圆"，月球除了围绕地球转了一圈外，还要自转一圈，实际上是走过了两圈的路程。

这种围绕着圆滚动的问题，稍不小心就容易使人陷于错误。

前些年使用过的一种统编初中数学教材《几何》第三册中有一道思考题：

如图4，如果圆 O 的周长为 20π cm，圆 A 和圆 B 的周长都是 4π cm，圆 A 在圆 O 内部沿圆 O 滚动，圆 B 在圆 O 外部沿圆 O 滚动，圆 B 转动 6 周回到原来的位置，而圆 A 只需转动 4 周回到原位置，想一想，为什么？

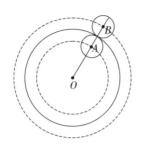 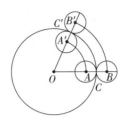

图 4

在一般人的心目中，可能认为外圆 B 的圆心在圆 O 的外部转动，圆心 B 走过的路程，显然要比圆 A 的圆心在圆 O 内转动所走过的路程要长，外圆 B 要多转两周才能回到原来的位置，这是"理所当然"的。该教材的答案也是这样说的。其实，这个题目的本身和解题的方法都犯了直觉的错误。有人在 1997 年 3 月的《数学通报》上撰文指出：这个问题的题目和答案都是错误的，其错误的根源在于认为"当两小圆分别沿大圆周自转一周时，小圆的圆心移动的弧长等于小圆的周长"。实际上，无论是外圆或内圆沿圆 O 滚动一周回到原位置时，两小圆都是自转了 5 周。

圆沿直线滚动时，圆上一点的运动轨迹形成的曲线，称为摆线。它是旋轮线的一个典型例子，旋轮线就是一条曲线上的一个点沿着另一条曲线转动时而产生的曲线。

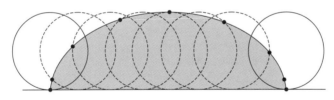

图 5　摆线

1634 年，吉勒斯·德·罗贝瓦勒证明：一条摆线下方形成的面积是圆面积的 3 倍。1658 年，克里斯托弗·雷恩证明：摆线形成的弧长是其所在的圆直径的 4 倍。在解答摆线的长度与面积的有关问题时，可与多边形摆线作很好的类比。一个正十边形沿着一条直线滚动产生的多边形弧线所包围的面积之和是多少？

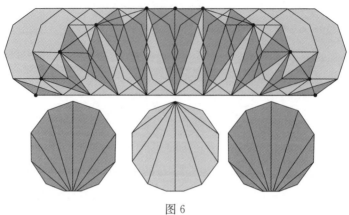

图 6

这个具有美感视觉的无字证明是菲利普·R. 马林森首次提出的，发表于《不需要语言的证明》一书（美国数学联合会，2000 年出版）。

调虎离山与 RMI 原理

在《西游记》第八十五回里，一个花皮豹子精与小妖定下了一条调虎离山之计要捉唐僧。他们挑选了三个能干、会变化的小妖，都变做大王的模样，穿戴大王的盔甲，执着大王的兵器，冒充大王三处埋伏。一个战猪八戒，一个战孙行者，一个战沙和尚。三个小妖吆吆喝喝，乱嚷乱斗，渐渐地离唐僧远了。那老怪在半空中，见唐僧独坐马上，伸下五爪钢钩，把唐僧一把挝住，一阵风径摄走了。

唐僧是一个没有自我保护能力的人，只要徒弟们一离开，就会遭到妖魔的暗算。许多妖魔都是掌握了唐僧师徒四人的这一弱点，使用调虎离山之计，把唐僧抓走的。例如第八十三回，金鼻白毛老鼠精也是使用调虎离山之计，第二次把唐僧摄进山洞。俗话说"吃一堑，长一智"，但是唐僧的徒弟们并没有吸取教训。

调虎离山之计不仅是兵家常用的谋略，也是数学中一种常用的解题思想。数学中所谓的调虎离山，不外乎是一种转化思想。历史上有不少数学问题，在提出这一问题的领域内很难解决，甚至无法解决，就像人不能自举其身一样。"不识庐山真面目，只缘身在此山中"，如果把问题调出"此山"转化到另一领域中，就可能迎刃而解了。例如，著名的古希腊几何作图三大难题，在欧氏几何中长期未能解决，直到后来把它们转化为代数问题后才彻底证明这三个问题不可能通过尺规作图实现。

我国数学家徐利治教授曾长期致力于数学思想方法的研究，作出了杰出的贡献。他于 1980 年代提出的"关系·映射·反演"方法，从某种意义上说，就是调虎离山的办法。"关系·映射·反演"方法又称为 RMI 原理，它取关系(relation)、映射(mapping)、反演(inversion)中的首字母合成 RMI，故称 RMI 原理。

例如解方程 $x^4-3x^2+2=0$，中学生一般没有学过四次方程的求解公式，但却很熟悉二次方程的解法，便可以这样来处理问题：

(1)做代换：令 $y=x^2$，得 $y^2-3y+2=0$。

(2)解一元二次方程：$y_1=1$，$y_2=2$。

(3)逆代换：$x=\pm1$，$\pm\sqrt{2}$。

这一过程可用框图表示如下：

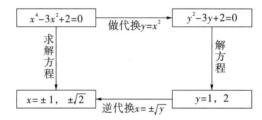

把这种思想一般化就是 RMI 原理：

令 R 表示由某些数学对象组成的关系结构系统，称为原像系统，其中有待确定的原像 x。在 R 中直接确定 x 比较困难，但是可找到一种映射 M，通过 M 的作用把原像系统 R 映射为映像系统 R^*，在 R^* 中包含了原像 x 的映像 x^*，如果在 R^* 系统中有办法把 x^* 确定下来，然后通过反演即逆映射 M^{-1}，也就可把原像 x 确定下来。

用框图表示如下：

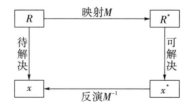

RMI 原理是一个普遍的思想方法，也是一种有效的转化。

转化的方向因题而异，途径是多方面的，没有固定的方法可以遵循，只能具体问题具体分析。将较难的问题转化为已能解决的问题是转化思想中最重要也是最有效的思想之一。这里我们介绍两种特殊的转化思想。

1. 转化为一般情况

已知 p 是大于 3 的素数，证明 p^2-1 是 24 的倍数。

分析 因为大于 3 的素数都可表示成 $6n\pm1\,(n\in\mathbf{N}^*)$ 的形式，故可把原命题改为证明下面的加强命题：

设 n 为非零自然数，$p=6n\pm1$，证明 p^2-1 是 24 的倍数。

因为 $p^2-1=(6n\pm1)^2-1=36n^2\pm12n+1-1=12n(3n\pm1)$，只要能证明 $n(3n\pm1)$ 是一个偶数就可以了。

当 n 为偶数时，$n(3n\pm1)$ 显然是偶数；

当 n 为奇数时，$3n\pm1$ 是偶数，$n(3n\pm1)$ 也是偶数。

这一转化命题很容易证明，因而原题也就得到解决。本题中，如果条件不改变，素数 p 没有一般表达式供利用，处理起来反而困难得多。

2. 转化为典型状态

有一张四角方桌，可绕中心转动。每个角上都有一很深的凹坑，内放一只酒杯，正立或倒立。人站在桌子旁边用眼睛看不见杯子的状态，但用手伸进去触摸时却能知道和改变杯子的状态。游戏者先转一转桌子，当它停下后，伸出左、右手，摸进两个不同的凹坑里去(一只手只能摸到一个凹坑的杯子)，然后随心所欲地调整酒杯的摆法：可以保持现状，也可改变其中一只酒杯的摆法，或者改变两只酒杯的摆法(即使原来正立的酒杯改为倒立或将原来倒立的酒杯改为正立)。然后，再次转动桌子，并重复上述过程。当然在下次转动桌子之前，无法判断上次转动时双手伸进的是哪两个凹坑。这样一直玩下去，当你使四只酒杯全是正立或者全是倒立时，桌子上安置的电动响铃就会大响，你就获胜。

假定开始时，桌子角上四只酒杯的摆法是不完全相同的，请问你最多转动几次就能获胜？

分析 我们用四象中的"少阳"和"少阴"两个符号来表示酒杯正立和倒立的

两种状态。根据对称关系，杯子的不同摆放方法有且只有四种可能的情况：

A.四只全同　　B.三只相同　　C.相邻两只相同　　D.对角两只相同

图 1

根据图 1 分析，我们获胜的方法是什么？很明显，要达到 A 只要先出现 D 就可以了。因为这时只要同时翻转 D 中位于对角的两只杯子就能使四只杯子同为正立或倒立了。

要达到 D，又只要先达到 C 即可，因为这时只要同时翻转 C 中任何两只相邻的杯子就一定使得铃声响起，或者把 C 变为 D。

要达到 C，显然又只要先达到 B 就行，因为如果双手在 B 中两个对角位置摸到的是一个"⎺⎺"和一个"⎽⎽"，那么只要把那个"⎽⎽"翻转，就会出现四个"⎺⎺"，这时会铃声响起，游戏已经获胜；如果摸到的是两个"⎽⎽"，只要把其中的任一个"⎽⎽"翻转，就会转化为状态 C。

至于要使开始的状态 O 转化为 B，那是很容易的事情了。

根据以上的分析，如果我们能找到一种方法，遵循：

$$O \rightarrow B \rightarrow C \rightarrow D \rightarrow A$$

的程序进行，就一定能获胜。

第一步　用双手触摸任意两个处于对角位置的凹坑，确保对角处两只酒杯全都正放。若铃声不响，接走下一步。

第二步　转动桌子，当它停下来后，把双手伸进任意两个相邻凹坑，如果发现两只酒杯都是正放的，则不做任何改变；

如果是一只正立，一只倒立，则将倒立的改为正立。若铃声已响，则游戏获胜。若铃声未响，此时必是三只正立，一只倒立，状态转化为 B。

第三步　转动桌子，当它停下来后，把双手伸进两个对角凹坑。若摸触到一只倒立的杯子，则把它颠倒过来，铃声必然振响；如果两只都是正立的，则把其中的一只颠倒过来，铃声必然不响，此时杯子的状态已经是 C。

第四步　转动桌子，当它停下来后，把双手伸进任意两个相邻的凹坑，把两只酒杯全都颠倒一下。若铃声不响，则可推知此时坑中酒杯的放置状态已转化为 D。

第五步　转动桌子，当它停下来后，把双手伸进任意两个位于对角的凹坑中，把两只杯子全都颠倒一下，铃声必振响，结束游戏。

综上所述，最多只要五步，就能在游戏中取胜。

田忌赛马与博弈

《西游记》第四十五～四十六回描写车迟国的三个国师与唐僧、孙行者等进行了一场荒诞的比赛。先是比呼风唤雨，国师们输了。接着比坐禅、射覆，国师们还是输了。车迟国的三个国师还不罢休，提出要与唐朝和尚等人再进行三场比赛。大国师虎力要与唐朝和尚比"砍头"，双方都让行刑官把头砍掉，看谁能活下来。二国师鹿力要与唐朝和尚比"剖腹剜心"，双方都让行刑官把肚腹剖开，把心肺、肠胃都挖出来，看谁不怕。三国师羊力要与唐朝和尚比"下油锅"，双方都让行刑官剥去衣服，赤裸裸丢进滚热的油锅，看最后谁能从油锅里跳出来。

三个国师不是与唐僧的三个徒弟一对一进行比赛，而是由大国师先与本领最大的孙行者比，大国师输了再由二国师与孙行者比，二国师输了再由三国师与孙行者比。结果不言而喻，最后是三个国师都死于非命。如果采取田忌赛马的方式，三个国师与三个和尚同时进行一对一的比赛，也许结果就会不一样了。

在人类的生活中，大至战争、抗灾，小至玩牌、下棋，都可以归结到双方如何运用智谋取得胜利。要想在活动中取胜就要运用最优的策略，对策论就是专门研究如何寻找最优对策的学科。在我国古代，人们把玩牌、下棋这类活动叫做博弈，因此，对策论也叫做博弈论。

人们都熟悉田忌赛马的故事，它出自《史记·孙子吴起列传第五》，其大意是：

齐威王经常和他的大臣田忌赛马，双方各有上、中、下马三匹，每次比赛时三匹马各出场一次，一对一地进行比赛，共赛三场。每场赌注都是一千金，最多可赢三千金。

田忌的马和齐威王的马相比略有逊色，处于劣势。田忌的上马不敌齐威王的上马，但胜过齐威王的中马和下马；田忌的中马不敌齐威王的上马和中马，但胜过齐威王的下马。开始，田忌总是用自己的上马、中马，下马分别去对齐威王的上马、中马和下马，因而屡战屡败，每次都输掉三千金。后来田忌的谋士孙膑研究了比赛的程序，想出了一条出奇制胜的妙法：以下马对齐威王的上马，以上马对齐威王的中马，用中马对齐威王的下马。结果田忌两胜一负，反而赢得一千金。如果用阳爻"—"记田忌获胜，阴爻"- -"记田忌失败，那么比赛结果记录下来就是八卦中的一个卦。

比赛场次	齐威王的马出场次序	田忌可选择的对策					
		1	2	3	4	5	6
第三场	下马	下马	中马	下马	上马	上马	中马
第二场	中马	中马	下马	上马	下马	中马	上马
第一场	上马	上马	上马	中马	中马	下马	下马
决策系统模型		☷	☳	☶	☵	☲	☴

图 1 田忌赛马的易卦模型

六个卦给出了六种可能方案的模型，最不利的是方案 1，田忌三场皆负；最有利的是方案 6，田忌两胜一负。相应的决策模型分别是坤卦"☷"和巽卦"☴"，于是孙膑找到了制胜的办法。

不过田忌之所以能取得比赛的胜利有一个必要的前提，即齐威王三匹马出场的次序是预先公开的，而且中途不能调整，田忌则可以根据齐威王的马的出场顺序自由安排自己的马的出场顺序，显然这是一种不公平的竞赛。在一般的情况下，如果双方马的出场顺序是在互相保密的情况下预先决定的，或者是用抽签之类的办法来安排的，那么，孙膑的办法将无法运用，田忌取胜的概率只有六分之一。

将田忌赛马的策略与"剪刀、石头、布"的游戏对比就能看出它的不公平性。石头胜剪刀，剪刀胜布，而布又能胜石头。从理论上是非常公平的，如果游戏真是完全公平的，那么每个参赛者获胜的概率就会相等。不过，数学家早就注意到事情并没有那么简单。要想让剪刀、石头、布的结果真正随机，那么从数学上来讲有一个前提，就是参与者甩出来的手势是随机的。然而数学家通过大量的研究已经发现，人类并不擅长做出随机的动作，他们总是免不了将某种规律暗含在行为当中。比如说，一名参赛者在甩出"剪刀"输给了"石头"之后，接下来他出"布"的概率是高于三分之一的。

第二次世界大战期间，有一个类似于"剪刀、石头、布"的著名战例。

1943 年 2 月，美军情报部门获悉：日军的一支舰队集结在南太平洋的新不列颠岛，准备越过俾斯麦海驶往伊里安岛。美西南太平洋空军司令肯尼，奉命拦截轰炸这支日本舰队。从新不列颠岛去伊里安岛的航线有南北两条，航程都约为三天。未来三天北路天气阴雨连绵，南路晴好。美军在拦截前必须要先派侦察机侦察，待发现日舰航线后，再出动大批轰炸机进行轰炸。对美军来说，可能的方案有四种：

第一种是 (N, N) 方案：假定日舰走北路。美军则集中力量侦察北路，只派少量侦察机侦察南路，虽然天气不好，但可望一天内发现日舰，可赢得两天轰炸时间。

第二种是 (N, S) 方案：假定日舰走南路。美军集中力量侦察北路，只派少量侦察机侦察南路，因南路天气晴好，少量侦察机用一天时间也能发现日舰，也赢得两天轰炸时间。

第三种是 (S, N) 方案：假定日舰走北路。美军集中力量侦察南路，只派少量侦察机侦察北路，因北路天气不好，少量侦察机要用两天时间才能发现日舰，只能赢得一天轰炸时间。

第四种是 (S, S) 方案：假定日舰走南路。美军也集中力量侦察南路，派少量侦察机侦察北路，由于南路天气晴好，有望立即能发现日舰，这样能够赢得三天的轰炸时间。

以上各个方案，可分别用图表示如下，图中黑点的个数表示需要侦察的天数，白点的个数表示能够轰炸的天数：

$$(N, N) \qquad (N, S) \qquad (S, N) \qquad (S, S)$$

图 2　美军可供选择的四种方案

对美军来说，最理想的方案是$(S,\ S)$，因为它可以赢得三天轰炸时间。但因日方的对策预先并不知道，如果贸然集中力量侦察南路，很可能会落得最差的$(S,\ N)$结果。同样，日方在考虑航线的时候，既要看到对自己最佳的状态$(S,\ N)$，也不能不估计到对自己最不利的状态$(S,\ S)$。因此，对日舰来说，走南路是比较冒险的。美军司令肯尼将军经过认真研究，毅然决定把搜索重点放在北路。结果这场载入史册的俾斯麦海战以美军获胜而告终。

现在我们来做一做这道1990年日本数学奥林匹克试题：

有三个级别相同的相扑运动员A，B，C，他们按下面的程序进行决定胜负的比赛：首先A与B进行比赛，其次A，B中的胜者与C赛。若A，B中的胜者输了，则C再与A，B中的负者赛，如此循环，连胜二局者获胜（假设没有平局）。若连赛7局，尚未能定出胜负，则停止比赛。设A，B，C三人的实力相同，即任何二人比赛中每人获胜的概率都是$\frac{1}{2}$，问第一局中已失败的人（设为A）获胜的概率是多少？

解 我们用符号“○”表示运动员获胜；“×”表示运动员失败；符号“△”代表在本局轮空，下一局将与本局胜者比赛的运动员。那么在一场比赛中，如果A在等待，B与C比赛且B获胜，可记作

$$(A,\ B,\ C)=(\triangle,\ \bigcirc,\ \times)$$

这种情况出现的概率是$\frac{1}{2}$。

由于第一局B胜A已经确定，所以A想要获胜有两种可能：

(1)$(A,\ B,\ C)$：1(×，○，△)→2(△，×，○)→3(○，△，×)→4(○，×，△)。

即第2局C胜；第3局A胜；第4局A胜，继续比赛3局，比赛结束，出现这种情况的概率为$\frac{1}{2}\times\frac{1}{2}\times\frac{1}{2}=\frac{1}{8}$。

(2)$(A,\ B,\ C)$：1(×，○，△)→2(△，×，○)→3(○，△，×)→4(×，○，△)→5(△，×，○)→6(○，△，×)→7(○，×，△)

即第2局C胜；第3局A胜；第4局B胜（又回到开始状态）；第5局C胜；第6局A胜；第7局A胜，继续比赛6局才结束。在这种情况下，前

三局后回到了开始的状态，出现的概率为 $\frac{1}{2} \times \frac{1}{2} \times \frac{1}{2} = \frac{1}{8}$，回到最开始状态

后，后三局要 A 取胜，由（1）知，其概率为 $\frac{1}{8}$，因此出现 A 获胜的概率为

$\frac{1}{8} \times \frac{1}{8} = \frac{1}{64}$。

所以，A 获胜的概率为 $\frac{1}{8} + \frac{1}{64} = \frac{8}{64} + \frac{1}{64} = \frac{9}{64}$。

孙悟空的药方

《西游记》第六十八～六十九回写了一个故事：朱紫国的国王久病不愈，满城张贴皇榜，招揽天下名医为国王治病。孙悟空当街揭了皇榜，看榜的官员请他去给国王看病。哪知国王听孙行者声音凶狠，又见相貌刁钻，唬得战战兢兢，害怕行者望、闻、问、切的例行检查，孙行者便说他会悬丝诊脉，装模作样地诊脉之后，立即开方、配药。要朱紫国的医官为他调集了全部808味中药，每味三斤，以及制药一应器皿，孙行者要在馆驿内为国王配药。也不知他配成了什么灵药，那国王服药之后，三年的痼疾竟然痊愈了。

孙行者的医术真够神奇，他的汤药也真够灵验。但是他肯定不会数学，他大概不知道808味药材能配成多少药方，这是一个用排列组合都难于计算的天文数字。

单独一味药的药方有 C_{808}^1 种；

两味药组成的药方有 C_{808}^2 种；

……

807味药组成的药方有 C_{808}^{807} 种；

808味药组成的药方有 C_{808}^{808} 种。

因此总的药方个数就是

$$C_{808}^1 + C_{808}^2 + C_{808}^3 + \cdots + C_{808}^{807} + C_{808}^{808} = (1+1)^{808} - 1 = 2^{808} - 1$$

这么多的药方，如果一秒钟配成一种，几亿年也配不完。如果要把药方写下来，全世界的纸张都不够用！

现在我们来做几个有关医药的排列组合趣味数学题。

例1 （1）药店有10个装满了药丸的葫芦，每个葫芦里有10颗药丸，每颗重 1 两。后来得知有一个葫芦里错装了代用品，从外表上看代用品与正规品分辨不出，只知道代用品比正规品每颗药丸重 1 钱。现在必须用天平称量的方法把代用品找出来，请问至少要称几次？

(2)一家药店收到 10 瓶药，每瓶装 1000 片。药剂师接到通知，其中有几瓶药错装了每片超重 10 毫克的次品，请把它们找出来。

分析 (1)将 10 个葫芦用 1～10 编号，在第 1 个葫芦里取 1 丸，第 2 个葫芦里取 2 丸，…，第 10 个葫芦里取 10 丸，共取

$$1+2+\cdots+10=55(丸)。$$

因为 55 颗药丸中至少有 1 颗是代用品，将 55 颗药丸放进天平称一次，总重必超过 55 两。如果超过了 1 钱，那么第 1 个葫芦里的药丸是代用品；如果超过了 2 钱，那么第 2 个葫芦里的药丸是代用品；…；如果超过了 1 两（10 钱），那么第 10 个葫芦里的药丸是代用品。

所以只要称一次就可以找出代用品。

(2)将 10 个药瓶用 1～10 编号。然后从第 1 瓶中取 1 片药，从第 2 瓶中取 2 片药，从第 3 瓶中取 $2^2=4$(片)，…，从第 10 瓶中取 $2^9=512$(片)，把取出的药片放在一起用天平称一次，肯定要超重。假如超重了 1610 毫克，$1610\div 10=161$(片)，即超重的药片有 161 片。因为 $161=2^7+2^5+1$，即 161 片药分别取自第 1、第 6 和第 8 瓶。

所以同样只要称一次就可以找出次品。

例 2 将 6 种药材按照下列条件配成药方：

(1)每种药可以配进若干个药方里；

(2)任一个药方不能完全包含在另一个药方中，也不能与另一个药方的药完全相同。

试问在上述条件下，最多能配成多少个药方？

分析 我们用黑点●表示"无"，白点○表示"有"，并将 6 种药材依次编号为：第一，第二，……，第六。于是，一个药方便与一个由 6 个黑白点组成的点列对应。一个药方里有哪几种药材，那几种药材的位置就用白点○表示；没有哪几种药材，那几种药材的位置就用黑点●表示。例如，一个药方有第一、第四、第五 3 种药材，就用第一、第四、第五点是白点○，其余第

二、第三、第六点是黑点●的点列表示：

○●●○○●

因此，药方的集合与点列集合的某个子集有一一对应的关系。

今设满足条件(1)和(2)的药方所成之集合中，药方最多的一个集合是 M。考虑 M 应满足哪些条件。

M 中不能有四白点或多于四白点的点列，例如，设 M 中有一四白点列：

○○○○●●

则将此列中的一个白点改为黑点后可得 4 个三白点列：

●○○○●●，○●○○●●，○○●○●●，○○○●●●

由于这 4 个三白点列都被 M 中的四白点列○○○○●●所包含，所以都不在 M 中。另一方面，这 4 个三白点列中的任何一个最多可由 M 中 3 个四白点列改变一个白点为黑点而得到。例如上面 4 个点列中的○○○●●●只能由下面的 3 个四白点列改变一个白点为黑点而得：

○○○○●●，○○○●○●，○○○●●○

即在 M 中去掉一个三白点列，至多能增加 3 个四白点列。因此在 M 中将四白点列去掉，换上相应的三白点列后，仍然符合(1)和(2)两个条件，但新的集合至少要比 M 多一点列，与 M 是包含药方数最多的集合矛盾。

同样地，如果 M 中有二白点列或一白点列，例如，若 M 中有二白点列：

○○●●●●

则将其中一个黑点改成白点，可得 4 个三白点列：

○○○●●●，○○●○●●，○○●●○●，○○●●●○

根据条件(2)，这 4 个三白点列原来都不在 M 中。另一方面，其中每一个三白点列最多可由 M 中的 3 个二白点列把一个黑点改为白点而得，例如三白点列中的○○○●●●，只能由下面的 3 个二白点列，把其中一个黑点改为白点而得：

●○○●●●，○●○●●●，○○●●●●

因此，去掉 M 中二白点列，换上三白点列之后，新集合至少比 M 多一个点列，仍然符合条件(1)和(2)，同样与 M 是药方最多的集合的假设矛盾。因此，M 中只能包含三白点列。

因为 6 点中三白三黑的组合数共有 $C_6^3 = 20$（6 个元素中取 3 个的组合），即符合条件(1)和(2)的药方最多能有 20 个。

例 3 药房里有若干种药，其中一部分是烈性的。药剂师用这些药配成 68 副药方，每副药方里恰有 5 种药，其中至少有一种是烈性的，并且使得任选 3 种药都恰有一副药方包含它们。试问：全部药方中是否一定有一副药方至少含有 4 种烈性药？（证明或否定）

分析 设共有 n 种药，一共可形成 C_n^3 个"三药组"。另一方面每个"三药组"恰有一副药方包含它，每副药方可形成 $C_5^2 = 10$（个）"三药组"。68 副药方一共可形成 $68 \times 10 = 680$（个）"三药组"，所以 $C_n^3 = 680 = 17 \times 16 \times 15 \div 6$，故 $n = 17$。

设共有 r 种烈性药，考虑含 1 种烈性药，2 种非烈性药的"三药组"，并称之为"A 型三药组"，一共有 $C_r^1 C_{17-r}^2$ 个"A 型三药组"。另一方面，因为每 3 种烈性药恰有一副药方包含它们，故有 C_r^3 副药方恰含有 3 种烈性药，每副这样的药方含有 $C_3^1 C_2^2 = 3$（个）"A 型三药组"。其余 $(68 - C_r^3)$ 副药方只含 1 种或 2 种烈性药，它们中每一副可形成 $C_1^1 C_4^2 = 6$（种）或 $C_2^1 C_3^2 = 6$（种）"A 型三药组"，所以一共可形成 $3C_r^3 + 6(68 - C_r^3)$ 个"A 型三药组"，故得

$$3C_r^3 + 6(68 - C_r^3) = rC_{17-r}^2$$

整理得 $r^3 - 18r^2 + 137r = 408$，两边考虑模 5 同余得

$$3 \equiv r^3 - 3r^2 + 2r \equiv r(r-1)(r-2) \pmod 5$$

但 $r = 0$，1，2，3，4(mod 5)时，上式均不成立。这一矛盾说明假设每副药方中至多只有 3 种烈性药是不正确的，故必有一副药方中至少含 4 种烈性药。

蜘蛛网与对数螺线

《西游记》第七十二回写到，平日里唐僧多是让徒弟们去化斋，偏偏这一回因见房舍不远，便要亲自去化一次斋，行者、八戒等劝阻不住，只好由他。可是到了屋舍，迎接他的不是庄园的老翁，也不是寺观的道长，而是七个如花似玉的女郎，美女们把唐僧骗进屋里，捉住吊了起来，准备蒸熟了享用。孙行者去救师父，从土地老儿那儿了解到，原来是七个蜘蛛精，聚集在盘丝岭，占住了七仙姑的浴池濯垢泉，盘踞在盘丝洞里兴风作浪。孙行者不想打死妖精，沾一个"男与女斗"的名声，降低自己的身份。他趁妖精在濯垢泉里洗澡时，变个老鹰把她们搭在衣架上的七套衣服全部叼去，让她们不能离开浴池，以便解救师父。八戒得知，坚持要去打死妖精，以绝后患，可是却被妖精作法吐丝，满地丝绳拌得猪八戒东倒西跌，苦不堪言。猪八戒忍住疼痛，和孙行者再去洞口挑战，赶走了妖精，救出了师父。

蜘蛛网是一种简单而优美的自然造物，造型奇特、结构紧密。大凡具有一定结构的事物，就一定包含数学原理。然而，当人们试图用数学去描述那美丽的结构时，其所需要的公式之复杂却令人十分惊异。

我们把从蛛网中心放射出去的那几股线称为"半径"。类似螺线的曲线则由连接两相邻半径的弦形成。位于两条相邻半径间的弦互相平行，沿半径的所有同位角也

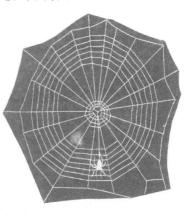

图 1　蜘蛛网形态

全都相等。假如蜘蛛网的半径有无穷多条，那么整段蛛网将具有单一的形式，这时替代锯齿般螺形线的是一条平滑的曲线，这种曲线称为对数螺线，对数螺线具有下述性质：

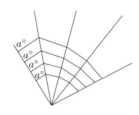
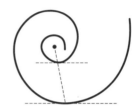

图2　同位角相等　　　　　　　图3　对数螺线

（1）在螺线与半径的交点处画切线，则切线与半径所形成的角全都相等，所以对数螺线也称为等角螺线。

（2）螺线截半径所得的各线段长，依次成等比数列，螺线按几何级数递增，其对数螺线的名称即由此而来。

（3）如果一条螺线形式的线，从它位于中心处的端点逐渐解开，同时永远使线保持一种绷紧的状态，那线的端头在解开时将形成一条对数螺线。

蜘蛛结网时，最初为它的网设置一个三角形的框架，这对于产生最大的强度和韧性极为必要，而且所用的丝也可以减少到最低限度。蜘蛛开始织网时利用不同的腺体产生不同的丝，一些腺体产生出很黏的丝，而另一些腺体产生不黏的丝，框架、半径和第一条螺线（临时性的）用的是不粘的丝，这样蜘蛛不至于作网自缚，第二条螺线是蜘蛛结网时作为陷阱的主要部分，它是用很粘的丝从外部向中心部分兜转而成的。蜘蛛所织的两种网都是对数螺线。蜘蛛在完成网的同时也记住了网的各种情况，这样，当一个猎物被网粘住时，便能立即判断该猎物的大小和所在的位置（根据猎物挣扎时拖曳半径引起振动的感觉），然后很快地沿着不粘的丝爬到猎物的旁边，并最终抓住它的猎物。

当早晨的露水凝布在蜘蛛网上时，互相靠拢的水结成小小的水滴（特别对于较粘的丝）。蛛网的弦由于水滴的负荷而弯曲，使得每条弦都变成为悬链线。悬链线是由一条自由悬挂着的柔软的绳子或链条所形成的曲线，它的一般方程为

$$y = \frac{a}{2}(e^{\frac{x}{a}} + e^{-\frac{x}{a}})$$

其中 a 是 y 轴上的截距，e 为自然常数。

蜘蛛网捕捉的猎物，坠落成为悬链线的顶点后立即被蜘蛛所捕获。

蜘蛛网的结构和形状还很容易使我们联想到多边形数。

早在公元前 6 世纪，希腊的毕达哥拉斯学派常把数表示成沙滩上的小石子，并且按照小石子所能排列的形状，将数分类，叫做"形数"。

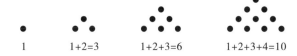

$$1 \qquad 1+2=3 \qquad 1+2+3=6 \qquad 1+2+3+4=10$$

图 4　三角形数

古希腊数学家还摆出了五边形数、六边形数、七边形数和其他多边形数。多边形数就像一张张蜘蛛网，把（正整）数一网打尽。

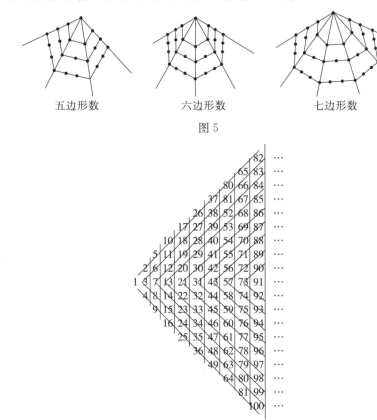

五边形数　　　　六边形数　　　　七边形数

图 5

图 6

图 6 是另一种类型的数阵，它的构造方式很简单：第 1 列为 1；第 2 列

为 2，3，4；第 3 列为 5，6，7，8，9，每列比前一列多排两个数，一列接一列地读下去，恰好读出自然数列，形成一个像蜘蛛网形的三角数阵，以"1"开头的数排在中间一行，是此三角阵的对称轴。

这个三角数阵看似简单，但你却可看到丰富的数学内容。

(1)每一行和每一斜行相邻两数的差恰好构成一个公差为 2 的等差数列。

(2)同一横行的数，要么皆为奇数，要么皆为偶数。

(3)相邻两列每对左右相邻的数之差是偶数。

(4)相邻的两横行上下相邻的两数之差恒为 1。

(5)斜下方边界上的一行是自然数的平方组成的数列 1，4，9，16，25，…。

(6)以 1 开头的行中第 n 个数是 n^2-n+1。

(7)在 1 开头的行中，设第 n 项的值是 m，把第 $(n+1)$ 项视为第一项，则第 mk 项都是 m 的倍数，$k=1$，2，…。

事实上，新编号码的第 mk 项，相当于原号码的第 $(mk+n)$ 项，此项的值为

$$(mk+n)^2-(mk+n)+1$$
$$=m^2k^2+2mnk+n^2-mk-n+1$$
$$=(m^2k^2+2mnk-mk)+(n^2-n+1)$$
$$=m^2k^2+2mnk-mk+m$$

(8)由 1 开头的横行中任意两个相邻项之积仍在此行中，且若较小因数为 k，k 所在列最下一数为 m^2，则其积是此行中第 (m^2+1) 个数。

例如 $3\times7=21$，3 所在列最下一数为 4，21 是此行中的第 5 项。

换心、心电图及其他

　　《西游记》第七十八～七十九回写道：唐僧师徒来到比丘国，进得城来就看到一个奇怪的现象，许多人家门口都放着一只大鹅笼，里面关着一个六七岁的儿童。长老不知是什么原因，便向驿馆官员打听。驿丞告诉他：此国原是比丘国，三年前，有一老人，打扮做道人模样，携一小女子，年方一十六岁，进贡与当今。其女形容娇俊，貌若观音，陛下爱其色美，宠幸在宫，号为美后。昼夜贪欢，不理朝政，国事全由老道把持，号称国丈。如今弄得精神瘦倦，身体尫羸，饮食少进，命在须臾。太医院检尽良方，不能疗治。那国丈自称有海外秘方，不但能治好国王的病，还能益寿千年。前一响去十洲、三岛采得药来，已经齐备，但还需要用一千一百一十一个小儿的心肝作为引子，煎汤服药。这些鹅笼里的小儿，都是从民间挑选来准备做药引的，养在鹅笼里面，只等明天时辰一到，就剖腹取心。唐僧一听，吓得魂飞魄散，悲天悯人，要孙行者等人想办法救出小孩。孙行者等经过一番搏斗，终于查明，老道原是南极寿星的坐骑白鹿，几年前趁机逃来下界，化作人形，潜在比丘国城南九十里的柳林坡清华庄为非作歹，专吃小儿心肝。三年前将一只白狐狸精献与国王，骗得国王信任更加肆无忌惮。孙行者与猪八戒进入妖洞，老妖逃出洞外，被南极寿星制服，白面狐狸精也被猪八戒打得现了原形，救出了所有准备用来做药引的儿童。

　　人人都有心，人没有心就没有了生命。《西游记》里描写的妖怪都吃人，而专吃人心的老妖怪更是残忍至极，人神共愤。

　　人有心，许多数学对象也有"心"，如三角形就有"四心"——外心、内心、垂心和重心，圆与正多边形都有"中心"，等等。

有些数学问题通过"换心"能较方便地找到解答，试看下例：

通过三角形的每个顶点引两条直线，分三角形的对边为三条长度相等的线段。证明：由这六条直线的交点所形成的六边形中三对相对顶角的连线共点。

这道题目要证明六边形的相对顶点的对角线共点，实际上就是要证明这个六边形有一个"心"。对于一般的三角形而言（图1），所得出的相应六边形是任意的，论证自然比较困难。但是，对于一些特殊的三角形而言（例如正三角形）（图2），它们的"心"是容易找到的，因此我们可以采取"换心之术"来研究这个问题。

图1   图2

因为线性变换把直线变为直线，圆变为椭圆，把相交直线变为相交直线，并且能保持平行线段之比。因此，如图3所示，我们可以把任意三角形变成正三角形来讨论，或者用相反的变换，把任意三角形看成是由正三角形变换得来。所以，我们只要能够对正三角形证明本题的结论就可以了。不失一般性，我们索性假定原来的三角形就是正三角形。

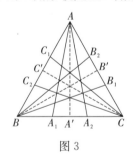

图3

如图3，设 $\triangle ABC$ 为一正三角形，A_1 与 A_2，B_1 与 B_2，C_1 与 C_2 分别是 $\triangle ABC$ 的边 BC，CA 和 AB 上的三等分点，A'，B'，C' 分别为三边的中点。

在以 AA' 为对称轴的对称变换下，直线 BB_1 变为直线 CC_2，直线 BB_2

变成直线 CC_1。因为对称的两条直线的交点在对称轴上，所以 AA' 是所要讨论的六边形的一条对角线所在的直线。同理，BB' 和 CC' 也是所讨论的六边形的一条对角线所在的直线。因为三角形的三中线相交于一点，所以，所讨论的六边形的三条对角线相交于一点。这就证明了所要的结论。

有趣的是，三角形的心还可以用来描述人的心。心电图就是最初被发明时通过从身体的三个特定部位放置的电极所成的三个电势差（或称导联）来测定心脏的电激动的。通常使用的三个部位分别为左手手腕、右手手腕和左脚脚踝。把这三点连接起来正好构成一个等边三角形，这个三角形称为爱因托芬三角形，它是以荷兰著名心脏病学家和现代心电图的发明者爱因托芬的名字命名的。爱因托芬三角形被用来确定心脏的方位，即发现心脏倾斜的角度。

心电图所提供的数据可以标绘在爱因托芬三角形上。如图 4，将三角形每一边的中点记为 0，然后把正值标记在 0 的一侧，负值标记在 0 的另一侧。

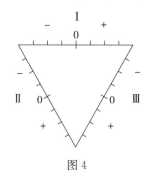

图 4

在每一个导联上所获得的信息是由向上偏移（＋）或向下偏移（－）所组成的。

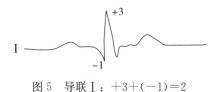

图 5　导联 I：＋3＋（－1）＝2

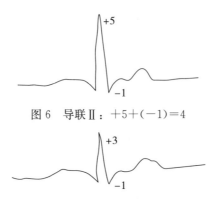

图 6 导联 Ⅱ：+5+（−1）＝4

图 7 导联 Ⅲ：+3+（−1）＝2

例如，导联 Ⅰ（图 5）显示出向上偏移为 3，向下偏移为 1。这些偏移便分别以+3 和−1 来表示，这些偏移量的代数和（+3）+（−1）＝+2 称为净偏移。类似地，导联 Ⅱ 和导联 Ⅲ 分别表示其净偏移为+4（图 6）和+2（图 7）。即

导联 Ⅰ 为+2，导联 Ⅱ 为+4，导联 Ⅲ 为+2

把这些数据分别记在爱因托芬三角形上，方法如图 8 所示。

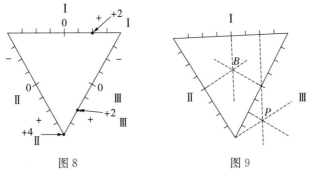

图 8   图 9

过三角形上所得到的三点分别作三边垂线，这三条垂直线相交于一点 P，再从三角形每一边为 0 的点（即中点）分别作三边的垂线，相交于点 B，即三角形的外心（图 9）。连接点 P 和点 B 得一条直线，这条直线称为心电轴，它表明了心脏定向的角度（图 10，11）。

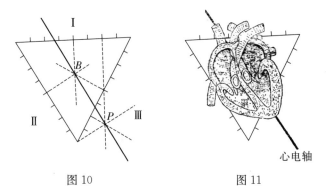

图 10   图 11

心脏的实际角度可以从心电轴与基线之间的角度量出来，基线是通过点 B 并且与三角形边 I 平行的直线。在本例中心脏的角度为 $60°$，成年人的平均心脏角度为 $58°$（图 12）。

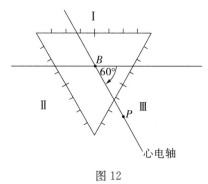

图 12

装进一切宝贝的圈子

《西游记》第五十~五十二回写唐僧师徒四人来到了金岘山，山前有个金岘洞，洞中有个独角兕大王。那大王神通广大，威武高强。趁孙行者去化斋的时候，捉住了走出孙行者所画圈子而误入妖洞的唐僧等人。孙行者化斋归来，不见了师徒三人，一路搜救来到金岘洞，与妖精大战三十回合，不分胜负。行者忍不住焦躁，把金箍棒丢将起去，喝声"变！"即变作千百条铁棒，好便似飞蛇走蟒，盈空里乱落下来。谁知那魔王全然不惧，急忙从袖中取出一个亮灼灼白森森的圈子来，望空抛起，叫声"着！"唿喇一下，把金箍棒收成一条，套将去了。孙行者大惊失色，赤手空拳，翻筋斗逃了性命。

接着孙行者陆续请来李天王父子、火水两位德星，以及十八尊罗汉前来助阵。那妖王果然厉害，他凭那个白玉圈子，先后把哪吒太子的六件兵器、火水德星的火水神兵、十八罗汉的金丹砂，统统套走了。最后才发现那怪物原是太上老君的坐骑青牛，那个特别厉害的圈子，原来是太上老君用来穿牛鼻的。

独角兕大王很聪明，它用的不是"一物降一物"的宝贝，而是能套住所有敌人武器的圈子。数学家又何尝不希望有一个圈子（公式、定理、方法等）能解决所有与某个数学对象有关的全部内容，像魔王的圈子一样，能把什么都套进去。数学家们为了找到一些包罗万象的"圈子"，常常要进行极其艰苦的探索。例如寻找能够表示素数公式的工程就是这样的。

1. 生产素数的公式

早在欧几里得的《几何原本》中就证明了，素数的个数是无穷的。另一方面，任何一个大于 1 的正整数 m，都可以唯一地分解成素数的乘积。如果我们能掌握素数的规律，那么许多数论中的问题，都不攻自破了。但是从哪里去找到素数并掌握它的性质呢？把全体素数从小到大排成一个数列：

$$2，3，5，7，\cdots，p_n，\cdots$$

依次把各素数记为 p_1，p_2，$\cdots$，p_n，$\cdots$，如果我们能够找到一个公式 $f(n)$，使 $p_n = f(n)$，根据 n 就可以迅速地算出第 n 个素数来，那该多方便啊！对于这个愿望，数学家们进行过很多世纪的努力，到现在仍然没有能够找到。

退而求其次，再把要求降低一点，能不能找到一个公式 $g(n)$，使得当 $n=1，2，\cdots，n，\cdots$ 时，$g(n)$ 都是素数呢？这样的公式也没能够找到。

法国数学家费马曾经认为：形如 $2^{2^n}+1$ 的数，当 $n=1，2，3，\cdots$，n，$\cdots$ 时都是素数，他验证了 $n=1，2，3，4$ 时，$2^{2^n}+1=5，17，257，65537$ 的确都是素数，但当 $n=5$ 时，$2^{2^5}+1=2^{32}+1=6700417\times641$，已经不再是一个素数。时至今日，人们也没有发现当 $n\geq5$ 时，$2^{2^n}+1$ 是素数的情况。

在寻找素数公式的漫长过程中，人们曾找到过一些多项式 $g(n)$，当 n 从 0 取到某个整数时，它的值全是素数。例如：

$$g(n)=n^2-n+17$$

当 $n=0，1，2，\cdots，16$ 时，全表示素数，但当 $n=17$ 时，$g(n)$ 不再是素数。又如

$$g(n)=n^2-n+41$$

当 $n=0，1，2，\cdots，40$ 时，全表示素数，但当 $n=41$ 时，$g(n)$ 不再是素数。再如

$$g(n)=n^2-n+72491$$

当 $n=0，1，2，\cdots，11000$ 时，全表示素数，它是这类公式中表示素数最多的一个。

从这几个公式又使人们想到：任意给定一正整数 k，能不能求出一个数 m，当 $n=0，1，2，\cdots，k$ 时，使得

$$g(n)=n^2-n+m$$

全都是素数？这个问题至今也尚未解决。

但是，的确有人找到了从理论上说能产生出所有素数的公式，为了说明

这个公式，我们先从一个众所周知的威尔逊定理谈起。

威尔逊定理：若 p 为素数，则 p 可整除 $(p-1)!+1$；若 p 为合数，则 p 不能整除 $(p-1)!+1$。

事实上，这条定理是莱布尼茨首先发现，后经拉格朗日证明的。但却张冠李戴地被称为威尔逊定理。威尔逊是英国的一位法官，他的一位擅长拍马屁的朋友在 1770 年出版的一本书中说是威尔逊发明了这一定理，而且还宣称这个定理永远不会被证明，因为人类没有好的符号来处理素数。这话传到了高斯那里，当时高斯也不知道拉格朗日已经证明了这一定理，在黑板前站着想了 5 分钟，就向告诉他这一消息的人证明了这一定理。高斯批评威尔逊说："他缺乏的不是符号而是概念。"可是两百多年来，人们早已习惯了这一称呼，也就以讹传讹，没有去恢复历史的本来面目了。

威尔逊定理应用很广，例如对较大的素数 p，我们虽然无力算出 $(p-1)!$ 的值，但却知道 $(p-1)!$ 被 p 除的余数是 -1 或 $p-1$。事实上，由于 $(p-1)!+1$ 可被 p 整除，故存在自然数 n，使得 $(p-1)!+1=np$，$(p-1)!=np-1=(n-1)p+(p-1)$，故 $(p-1)!$ 被 p 除的余数为 -1 或 $p-1$。

根据威尔逊定理，人们给出了一个公式：

$$f(m,n)=\frac{n-1}{2}(\,|\,[m(n+1)-(n!+1)]^2-1\,|\,-$$
$$\{[m(n+1)-(n!+1)]^2-1\})+2 \qquad ①$$

可以证明，对于任意的自然数 m，n，$f(m,n)$ 都是素数，并且它的值域是全体素数。

事实上，若 $[m(n+1)-(n!+1)]^2\geqslant 1$，则 $f(m,n)=2$，得到素数。若 $[m(n+1)-(n!+1)]^2=0$，则 $f(m,n)=n+1$。又由 $m(n+1)-(n!+1)=0$，得 $m(n+1)=n!+1$。即 $n+1$ 可整除 $n!+1$。由威尔逊逆定理，$n+1$ 是素数，即 $f(m,n)$ 也是素数。

下面证明 $f(m,n)$ 的值域是全体素数集合。

任取定一素数 p，由威尔逊定理，$(p-1)!+1$ 被 p 整除，取

$$n=p-1,\ m=\frac{1}{p}[(p-1)!+1]$$

则

$$mp=(p-1)! \ +1, \ n+1=p$$

$$m(n+1)=mp=(p-1)! \ +1=n! \ +1$$

于是 $m(n+1)-(n! \ +1)=0$，$f(m, \ n)=n+1=p$，由 p 的任意性知，$f(m, \ n)$ 的值域是全体素数的集合。

还可以证明，对于每个奇素数，$f(m, \ n)$ 恰好可取到一次。

公式①虽然给出了产生全体素数的一个算法，可惜它并没有什么实际用处，因为①式实际上算出的素数在绝大多数情况下是 2 或 $p=n! \ +1$。当 p 很大时，计算 $n!$ 是无法完成的。

2. 等差数列中的素数

尽管不难证明在所有整数的序列 1，2，3，4，…中存在无限多个素数，但要推进到一般的等差数列：a，$a+d$，$a+2d$，…，$a+nd$，…（其中 a 和 d 互素），其证明却极其困难。19 世纪德国数学家狄利克雷给出了一个证明，但用了高深的数学知识，很难把它简化到中学生能理解的程度。

但对通项为 $4n+3$ 和 $6n+5$ 之类的等差数列，还是比较容易处理的。

先证明形如 $4n+3$ 的数列中必有无穷多个素数。

我们知道大于 2 的任一素数必为奇数（若不然，它就可被 2 除尽，为合数），因此必有形式 $4n+1$ 或 $4n+3$，其中 n 是某一整数。

$$(4a+1)(4b+1)=16ab+4a+4b+1=4(4ab+a+b)+1$$

假设只存在有限个形如 $4n+3$ 的素数 p_1，p_2，…，p_k，考虑数

$$N=4(p_1 p_2 \cdots p_k)-1=4(p_1 p_2 \cdots p_k-1)+3$$

N 或者自身是素数，或者它可以分解为素数的乘积，但没有一个因子可以是 p_1，p_2，…，p_k，因为用它们去除 N 的余数均为 -1。再者 N 的所有素数因子不可能都具有 $4n+1$ 的形式，否则 N 将是 $4n+1$ 的形式，矛盾。因此，N 至少有一个素数因子具有形式 $4n+3$，但它不可以是 p_1，p_2，…，p_k，是一个形如 $4n+3$ 的新素数，与假设只有有限个形如 $4n+3$ 的素数矛盾。所以，形如 $4n+3$ 的素数有无穷多个。

类似地可以证明，形如 $6n+5$ 的素数也有无穷多个。

三角形与它的外接圆

《西游记》从第七十四回开始，到第七十七回止，是唐僧师徒们向西天取经以来最艰难危险的一段经历。他们来到八百里狮驼岭，山中有座狮驼洞，洞里有狮怪、猿怪、鹏怪三个魔头，那三个魔头神通广大，使师徒四人吃尽了苦头。

唐僧师徒四人多次被妖怪捉住，幸亏每次孙悟空都想办法先自己逃脱，再营救三人脱险。这样反复几次，最后孙悟空逃脱后直接向如来佛求救，如来佛令文殊、普贤两位菩萨与孙悟空一同前往狮驼山，才降服了三个魔头，迫使他们现出原形。

狮怪、猿怪、鹏怪三个魔头盘踞洞中，互相配合，不仅个个本事高强，而且宝贝甚多，使唐僧师徒们穷于应付。

三个魔头就像三个点，不共线的三点形成了一个牢不可破的三角形。它们盘踞的洞，相当于其外接圆。魔头们有许多宝贝加上它们的各种法术，使它们的三角形及其外接圆展现出丰富多彩的内容，导演出许多惊心动魄的场面。

数学中也有许多类似的圆和它的内接三角形，形成丰富的数学知识宝库。

1. 折弦定理

谈祥柏的《趣味数学辞典》一书中，介绍了一个三角学的宝库。

如图1，如果 AB 和 BC 组成一条圆 O 的折弦（$BC>AB$），M 是弧 ABC 的中点，则从 M 点向 BC 作垂线，垂足 D 为折弦 ABC 的中点。这个命题称为"折弦定理"。

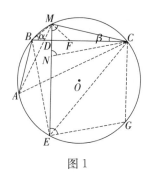

图 1

这个定理据说是阿基米德发现的，证明如下：

在 CB 上截取 $CF=AB$。由 M 是弧 ABC 的中点，有 $AM=CM$，$\angle BAM=\angle BCM$，可得 $\triangle ABM \cong \triangle CFM$，故 $MB=MF$。因为 $MD \perp BC$，D 为垂足，故 $BD=DF$，因此有 $AB+BD=DF+CF=CD$，即 D 为折弦 ABC 之中点。

在图 1 中蕴含着大量的与三角函数有关的等式和不等式，而这些等式和不等式，在学习高中数学教材中的知识后，都是可以严格证明的。

为了不失一般性，不妨取圆 O 的直径为单位长度，根据正弦定理，可得：

$CM=\sin \alpha$，$BM=\sin \beta$，$CD=CM \cdot \cos \beta=\sin \alpha \cos \beta$。

$BD=BM \cdot \cos \alpha=\cos \alpha \sin \beta$，$MD=CM \cdot \sin \beta=\sin \alpha \sin \beta$，

$CE=\sin(90°-\beta)=\cos \beta$，$BE=\sin(90°-\alpha)=\cos \alpha$，

$DE=CE \cdot \cos \alpha=\cos \alpha \cos \beta$。

又

$\angle BEC=\alpha+\beta$，$\angle ACB=\alpha-\beta$，

$AB=CF=\sin(\alpha-\beta)$，

$BC=\sin(\alpha+\beta)$，

$\angle AMC=180°-\angle ACM-\angle MAC=180°-2\alpha$，

$\angle MCE=\angle ECD+\angle BCM=90°-\alpha+\beta$。

过 C 作 $CG \perp BC$ 交圆 O 于点 G，在 DE 上截取 $ND=MD$，则四边形 $CNEG$ 是平行四边形，$OG=NE$，$\angle CEG=90°-\alpha-\beta$。

$$ME = \sin(90° - \alpha + \beta) = \cos(\alpha - \beta),$$

$$CG = \sin(90° - \alpha - \beta) = \cos(\alpha + \beta) = NE_{\circ}$$

∵ $BC = BD + CD$,

∴ $\sin(\alpha + \beta) = \sin\alpha\cos\beta + \cos\alpha\sin\beta_{\circ}$

∵ $AB = CF = CD - DF = CD - BD$,

∴ $\sin(\alpha - \beta) = \sin\alpha\cos\beta - \cos\alpha\sin\beta_{\circ}$

∵ $ME = MD + DE$,

∴ $\cos(\alpha - \beta) = \cos\alpha\cos\beta + \sin\alpha\sin\beta_{\circ}$

∵ $CG = NE = DE - DN = DE - MD$,

∴ $\cos(\alpha + \beta) = \cos\alpha\cos\beta - \sin\alpha\sin\beta_{\circ}$

2. 海伦公式

设 a，b，c 是 △ABC 的三边的长，$p = \dfrac{1}{2}(a+b+c)$，S 为其面积，则

$$S = \sqrt{p(p-a)(p-b)(p-c)} \qquad ①$$

证明　在 △ABC 中，设 BC 边上的高 $AH = h_a$，则 $h_a = c \cdot \sin B$，根据余弦定理得

$$h_a^2 = c^2\sin^2 B = c^2(1 - \cos^2 B) = c^2(1 + \cos B)(1 - \cos B)$$

$$= c^2 \cdot \left(1 + \frac{a^2 + c^2 - b^2}{2ac}\right)\left(1 - \frac{a^2 + c^2 - b^2}{2ac}\right)$$

$$= c^2 \cdot \frac{a^2 + c^2 + 2ac - b^2}{2ac} \cdot \frac{-a^2 - c^2 + 2ac + b^2}{2ac}$$

$$= \frac{(a+c)^2 - b^2}{2a} \cdot \frac{b^2 - (a-c)^2}{2a}$$

$$= \frac{(a+c+b)(a+c-b)}{2a} \cdot \frac{(b-a+c)(b+a-c)}{2a}$$

$$= \frac{4p(p-a)(p-b)(p-c)}{a^2},$$

$$h_a = \frac{2}{a}\sqrt{p(p-a)(p-b)(p-c)} \qquad ②$$

将 ② 代入面积公式 $S = \dfrac{1}{2}ah_a$，即得 ① 式。

海伦公式可以将三角形向圆内接四边形推广。如图 2，设 $ABCD$ 为圆内接四边形，其中 $AB=a$，$BC=b$，$CD=c$，$DA=d$，令 $p=\frac{1}{2}(a+b+c+d)$，四边形 $ABCD$ 的面积为 S，则

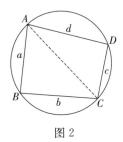

图 2

$$S=\sqrt{p(p-a)(p-b)(p-c)(p-d)} \qquad ③$$

③的证明与①类似，此处从略。

公式③对没有外接圆的四边形是不能适用的。

现在我们利用公式①来解三角形的问题。

问题　求边长为连续正整数，面积也为正整数的三角形。

解　设 $x-1$，x，$x+1$ 为所求三角形各边边长，x 为大于 1 的正整数。根据海伦公式，三角形面积为

$$S=\sqrt{p(p-a)(p-b)(p-c)}$$

此处　　　　　　　$p=\dfrac{(x-1)+x+(x+1)}{2}=\dfrac{3x}{2}$。

因为

$$p-a=\frac{3x}{2}-(x-1)=\frac{x}{2}+1, \quad p-b=\frac{3x}{2}-x=\frac{x}{2}, \quad p-c=\frac{3x}{2}-(x+1)=\frac{x}{2}-1$$

故 $S=\sqrt{\dfrac{3x}{2}\cdot\left(\dfrac{x}{2}+1\right)\cdot\dfrac{x}{2}\cdot\left(\dfrac{x}{2}-1\right)}$，

即 $S=\dfrac{x}{2}\sqrt{3\left(\dfrac{x^2}{4}-1\right)}$。

由于 S 为整数，可证 $\dfrac{x}{2}$ 为整数。设 $\dfrac{x}{2}=m$，这时 $S=m\sqrt{3(m^2-1)}$，显然，$3(m^2-1)$ 应为完全平方数，这时应有 $m^2-1=3n^2$（n 为正整数），即 $m^2-3n^2=1$，可写为

$$(m+\sqrt{3}n)(m-\sqrt{3}n)=1 \qquad\qquad ①$$

在①中，令 $m=2$，$n=1$，得

$$(2+\sqrt{3})(2-\sqrt{3})=1$$

由此得 $\qquad\qquad (2+\sqrt{3})^p(2-\sqrt{3})^p=1 \qquad\qquad ②$

这里 $p=1$，2，3，…，将 $(2+\sqrt{3})^p$，$(2-\sqrt{3})^p$ 展开后，得 $m_p+\sqrt{3}n_p=(2+\sqrt{3})^p$，$m_p-\sqrt{3}n_p=(2-\sqrt{3})^p$，则 $x_p=2m_p=(2+\sqrt{3})^p+(2-\sqrt{3})^p$，根据以上公式，有

$p=1$ 时，$x_1=4$，这时有一个三角形，其边长分别为 3，4，5，面积为 6；

$p=2$ 时，$x_2=14$，三角形边长为 13，14，15，面积为 84；

$p=3$ 时，$x_3=52$，三角形边长为 51，52，53，面积为 1170；

$p=4$ 时，$x_4=194$，三角形边长为 193，194，195，面积为 16296；

等等。

3. 蝴蝶定理

蝴蝶定理最先出现在 1815 年英国一本通俗杂志《男士日记》的问题征解栏上。它的第一个证明是一位名叫霍纳的英国人于 1815 年给出的，但证明过程十分繁琐。直到 1972 年仍未找到初等简捷的证法，因此艾维斯在他的《几何概观》中悲观的写道："如果限用高中几何知识的话，这的确是一个棘手的问题。"直到 1973 年，一位叫斯特温的中学教师才给出了这个定理的一个简单的初等证明。

蝴蝶定理 PQ 为圆 O 的一条弦，M 为 PQ 的中点。过 M 另作两条弦 AB 和 CD，连接 AD，BC 交 PQ 于点 X，Y，则 M 也是 XY 的中点。

证明 为方便计，记 $a=PM=MQ$，$x=XM$，$y=MY$。如图 3，分别由 X 和 Y 向 AB 作垂线 X_1 和 Y_1，再由 X 和 Y 向 CD 作垂线 X_2 和 Y_2。

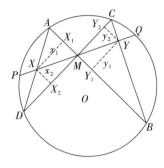

图 3

因为 Rt$\triangle MXX_1 \backsim$Rt$\triangle MYY_1$，所以

$$x : y = x_1 : y_1$$

同理 $x : y = x_2 : y_2$。

因为 $\angle DAB = \angle DCB$，

所以 Rt$\triangle AXX_1 \backsim$Rt$\triangle CYY_2$，

所以 $x_1 : y_2 = AX : CY$。

同理 $x_2 : y_1 = XD : YB$。

因为 $\dfrac{x^2}{y^2} = \dfrac{x_1 x_2}{y_1 y_2} = \dfrac{x_1}{y_2} \cdot \dfrac{x_2}{y_1} = \dfrac{AX \cdot XD}{CY \cdot YB}$，

又 $AX : XD = PX : XQ$，$CY : YB = PY : YQ$，

所以 $\dfrac{x^2}{y^2} = \dfrac{PX \cdot XQ}{PY \cdot YQ} = \dfrac{(a-x)(a+x)}{(a-y)(a+y)} = \dfrac{a^2 - x^2}{a^2 - y^2}$。

去分母，得

$$x^2(a^2 - y^2) = y^2(a^2 - x^2)$$

即 $x^2 a^2 - x^2 y^2 = y^2 a^2 - x^2 y^2$。

所以 $x^2 a^2 = y^2 a^2$。

因为 $a \neq 0$，所以 $x = y$，即 M 为 XY 的中点。

此后数学家们陆续给出了许多初等的、简洁的证明。

<h1 style="text-align:center">猫捉老鼠</h1>

《西游记》第八十~八十三回写道：三百年前，一个金鼻白毛老鼠精偷吃了如来佛的香花宝烛，如来佛差李天王与哪吒父子率天兵将她捉住，但最后饶了她性命。老鼠精感恩，拜李天王为义父，拜哪吒为义兄，在下方供设牌位，侍奉香火。

老鼠精再次逃到下界，改名地涌夫人，栖身在陷空山无底洞里。变作一个受苦受难的美丽女子，诱骗唐僧，却被孙行者识破，但唐僧不信，坚持要行者把美女救下，师徒带了她投宿在禅林寺。行者发现美女晚上色诱撞钟的小和尚，已经吃了六个小和尚。行者决定将她捉住，但被老鼠精用计逃走，反而被她把唐僧摄走了。

行者与八戒前去救援。行者钻进妖精肚内，迫使妖怪送唐僧出洞。行者在洞口与妖精大战，八戒、沙僧前去助阵，忘记了保护唐僧，妖精逃走顺便再次把唐僧摄入洞中。那洞是无底洞，方圆有三百多里，行者再也找不到妖精。

猫捉老鼠，虽是绝对优势，有时也似乎不太容易。猫有捕捉的方法，鼠有逃跑的计谋。趣味数学中有很多猫捉老鼠的模型，值得我们欣赏。

例1　迷宫之路

如图 1 所示，猫和老鼠同时进入道路全长 48 单位长度的正方形迷宫：

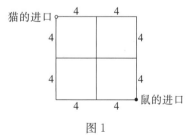

图 1

当猫和老鼠进入迷宫之后，都可以选择自己前进的道路(不能后退)，猫和老鼠的速度相同，在转角的地方也不发生影响。当猫和老鼠走完 12 个单位长度时，如果猫捉住了老鼠，就算猫获胜；如果没有捉住老鼠，则老鼠获胜。双方要想获胜，应该各自采取什么样的策略？

分析 猫和老鼠都要走过图 2 中的两条线段，如果把它们按水平方向前进一段用一个阳爻"—"表示，按竖直方向前进一段用一个阴爻"– –"表示，那么，猫或老鼠前两段的走法便可以用"四象"之一来描述。

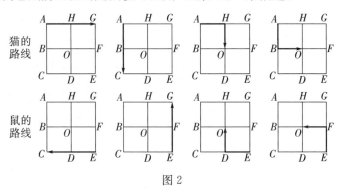

图 2

显而易见，如果猫采用了"– –"或"– –"为开头两步，老鼠若也采用"– –"或"– –"为开头两步，则猫和老鼠都在第二步结束时到达 O 点，老鼠必在 O 点被猫逮住。因此，猫应尽量采用"– –"或"– –"开头，老鼠则应极力避免采用"– –"或"– –"开头，而应采用"—"或"– –"开头，第三步只能到达 B 点或 H 点，猫要想逮住老鼠，第三步必须由 O 点到 B 点或由 O 点到 H 点，如图 3 所示：

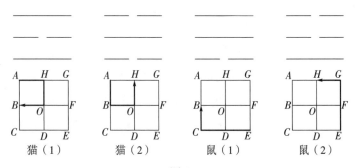

图 3

所以猫有两个策略：

(1)按 $A \to H \to O \to B$ 方向前进，路线形成一个"三"卦；

(2)按 $A \to B \to O \to H$ 方向前进，路线形成一个"三"卦。

老鼠也有两个策略：

(3)按 $E \to D \to C \to B$ 方向前进，路线形成一个"三"卦；

(4)按 $E \to F \to G \to H$ 方向前进，路线形成一个"三"卦。

也就是说，猫一进迷宫，就应当尽量绕小圈子走，老鼠进门以后，则应当尽量靠外边走。这样，老鼠被逮住或逃脱的概率是相等的。

例2　棋盘斗智

二人在 8×8 的象棋盘上做猫捉老鼠的游戏，第一个人有一个白色棋子（表示老鼠），第二个人有若干黑色棋子（表示猫），所有棋子的走法是一样的：一次可以向右、向左、向上或向下走一格。如果老鼠出现在棋盘边缘的方格内，那么轮到它走时就从棋盘上跳下，即算老鼠赢。如果猫和老鼠落在同一个方格内，那么猫就吃掉老鼠，即算猫赢。

游戏按顺序进行，并且第二个人所有的猫可以同时移动（不同的猫可以同时在不同的方向上移动），老鼠先走，它力求从棋盘上跳下，而猫力求在此之前将它吃掉。

(a)假设共两只猫，老鼠已位于某个不在边缘的方格内，能否将猫摆在棋盘边缘的方格内，使它能吃掉老鼠？

(b)假设有三只猫，但允许老鼠第一次连续走两步。应证明：无论开始时如何布置棋子，老鼠总能摆脱猫。

分析　(a)可以。如图4，两猫之间的线段应平行于棋盘的对角线，且老鼠在该线段上。不管老鼠处于哪个位置，猫都应该这样移动：当老鼠走一步后，猫都应使老鼠仍旧处在两猫之间的平行于棋盘对角线的线段上，这样无论如何都可以在老鼠跳下棋盘之前将其抓住吃掉。

(b)如图5，经过老鼠引两条平行于对角线的直线，这样棋盘就被分成四部分。老鼠应沿没有猫且指向边界的方向移动两步，显然猫不能吃掉它。

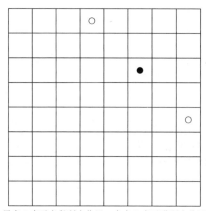 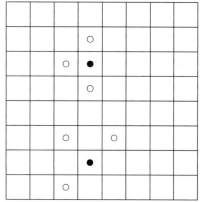

黑点●表示老鼠所在位置，白点○表示猫所在位置   黑点●表示老鼠所在位置，白点○表示猫所在位置

图4   图5

例3 精准计算

在正方形的中心 O 处坐着一只老鼠，在四个顶点上各有一只猫，如果猫只能沿着正方形的边跑动，且猫的最大速度是老鼠最大速度的 1.4 倍。试问，老鼠能否从正方形中逃出？

分析 可以。只要老鼠采用如下的策略：

如图 6，假设正方形的边长为 1，开始时老鼠任选一顶点 A，并以最快速度沿对角线朝 A 跑去，直跑到离 A 点不足 $\frac{1}{2}(\sqrt{2}-1.4)$ 的地方（例如，离 A 点的距离为 0.005 的地方），然后，它不改变速度，但旋转 $90°$，沿着对角线垂直的方向。当老鼠跑到正方形的边界上时，跑的路程为 $OA=\frac{\sqrt{2}}{2}$，D 处的猫跑的路程为

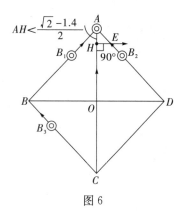

图6

$\frac{1.4}{2}\sqrt{2}=\frac{7\sqrt{2}}{10}$。因为 $AH<\frac{\sqrt{2}-1.4}{2}$，所以 $AE<\frac{\sqrt{2}-1.4}{2}\times\sqrt{2}=1-\frac{7\sqrt{2}}{10}$，故 $DB_2+AE<1$，所以 D 处的猫不能逮到老鼠。

如图 6，在老鼠向右转向时，A 处的猫会同时追来，由于 $\frac{AE}{HE}=\sqrt{2}>$ 1.4，所以 A 处的猫也追不上老鼠。

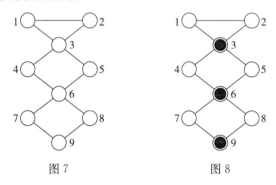

若猫的速度达到或超过老鼠速度的$\sqrt{2}$倍，那么猫就能够抓住老鼠。

例 4　以退为进

请你玩一玩下面这个名为"猫捉老鼠"的智力棋：

一种棋盘如图 7 所示，猫位于 3 号位置，老鼠位于 9 号位置。双方轮流走步，每方每次走一步（沿有线段连接的方向）。猫先走，去抓老鼠，老鼠逃走，尽量不让猫抓住。猫最多可走 6 步，如果在 6 步之内抓不到老鼠，则猫算输。问双方谁有获胜策略。

图 7　　　　　　　　　图 8

解　如果猫求胜心切，一开始就向老鼠方向扑去，这样，猫必输无疑。如图 8 所示，把 3，6，9 三个位置染成黑色，其余位置染成白色。猫如果一开始就向老鼠扑去，无论是从③→④还是从③→⑤，都是由黑到白，以后的步子也是黑白相间。老鼠与猫走的步数相同时，双方总处在同色的位置，猫在下一步走不到同色位置，因此猫在 6 步之内必抓不到老鼠。

猫必须采取以退求进的策略，先从③→②→①，再由①→③，这时猫的路线是：

③→②→①→③→…

即：

黑→白→白→黑→白→黑→白

老鼠不论怎样走，走的路线都是：

黑→白→黑→白→黑→白

猫就有可能在 6 步之内抓到老鼠。

兔子的启示

《西游记》第九十三～九十五回写了一个故事：天竺国王因爱山水花卉，前年带后妃、公主在御花园月夜赏玩，惹动一个妖邪，把真公主摄去，他却变做一个假公主。妖怪算定唐僧今年、今月、今日、今时到此，他假借国家之富，搭起彩楼，欲招唐僧为偶，采取元阳真气，以成太乙上仙。

唐僧等进到都城，三藏要去见驾倒换关文，正碰上公主招亲，妖怪有意把绣球抛在了唐僧头上。唐僧身不由己，被众人簇拥入宫。幸亏孙悟空辨出现在的公主是个妖邪，在合卺筵上当场揭穿了妖精真相，使妖精现出原形。但妖精逃到毛颖山中，化道金光，钻入山洞，寂然不见。原来那妖精是一只玉兔，山中有三处兔穴，行者在兔窟中一时找不到妖精。

兔子因为斐波那契数列而与数学结下了不解之缘。在这里我们谈一谈兔子对我们解数学问题的启示。

1. 狡兔三窟

俗话说"狡兔三窟"，比喻藏身的地方多，便于逃避灾祸。

中学数学大体上可以分为代数、几何、三角（函数）等三个方面，一个问题摆在面前，我们不妨从三个方面都考虑一下，看能不能找到解题的方法，根据狡兔三窟的反向思维从不同的道路寻找突破口。

例 1 已知 a，b，c 是三角形三边的长度，S 是该三角形的面积，求证：

$$a^2+b^2+c^2 \geqslant 4\sqrt{3}S \qquad ①$$

并指出在什么条件下等号成立。

解法 1 （几何法）

将要证的不等式改写成

$$\frac{1}{3} \cdot \frac{\sqrt{3}}{4}a^2 + \frac{1}{3} \cdot \frac{\sqrt{3}}{4}b^2 + \frac{1}{3} \cdot \frac{\sqrt{3}}{4}c^2 \geqslant S \qquad ②$$

如图 1，以 AB，BC，CA 为边，分别向外作正 $\triangle ABD_1$，$\triangle BCD_2$，$\triangle CAD_3$，设 G_1，G_2，G_3 分别为 $\triangle ABD_1$，$\triangle BCD_2$，$\triangle CAD_3$ 的重心，则

$$S_{\triangle ABG_1} + S_{\triangle BCG_2} + S_{\triangle CAG_3} = \frac{1}{3}S_{\triangle ABD_1} + \frac{1}{3}S_{\triangle BCD_2} + \frac{1}{3}S_{\triangle CAD_3}$$

$$= \frac{1}{3} \cdot \frac{\sqrt{3}}{4}a^2 + \frac{1}{3} \cdot \frac{\sqrt{3}}{4}b^2 + \frac{1}{3} \cdot \frac{\sqrt{3}}{4}c^2$$

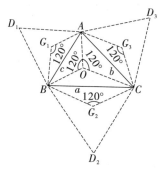

图 1

在 $\triangle ABC$ 内取 O 点，使 $\angle AOB = \angle BOC = \angle COA = 120°$。

因为 $\triangle ABG_1$ 与 $\triangle AOB$ 的底边固定为 c，顶角均为定角 $120°$，而 $\triangle ABG_1$ 为等腰三角形，故 $S_{\triangle OAB} \leqslant S_{\triangle ABG_1}$。

同理，$S_{\triangle OBC} \leqslant S_{\triangle BCG_2}$，$S_{\triangle OCA} \leqslant S_{\triangle CAG_3}$。

所以 $S = S_{\triangle OAB} + S_{\triangle OBC} + S_{\triangle OCA} \leqslant S_{\triangle ABG_1} + S_{\triangle BCG_2} + S_{\triangle CAG_3}$

$$= \frac{1}{3} \cdot \frac{\sqrt{3}}{4}a^2 + \frac{1}{3} \cdot \frac{\sqrt{3}}{4}b^2 + \frac{1}{3} \cdot \frac{\sqrt{3}}{4}c^2。$$

所以 $a^2 + b^2 + c^2 \geqslant 4\sqrt{3}S$。当且仅当 $\triangle ABC$ 是正三角形时，等号成立。

解法 2 （三角法）

先看一个特殊情况，若 $\angle A = \angle B = \angle C = 60°$，则 $a = b = c$，这时有 $a^2 + b^2 + c^2 = 3a^2$，$S = \frac{1}{2}a^2 \sin 60° = \frac{\sqrt{3}}{4}a^2$，所以 $a^2 + b^2 + c^2 \geqslant 4\sqrt{3}S$。故当 $\triangle ABC$

为正三角形时，①式等号成立。

若△ABC非等边三角形，如图2。不妨设∠BAC<60°，固定AB，另找一点C′，使△ABC′为正三角形，此时有

$$CC'^2 = b^2 + c^2 - 2bc\cos(60° - \angle BAC)$$

$$= b^2 + c^2 - 2bc(\cos 60°\cos\angle BAC + \sin 60°\sin\angle BAC)$$

$$= b^2 + c^2 - bc(\cos\angle BAC + \sqrt{3}\sin\angle BAC)$$

$$= b^2 + c^2 - \frac{b^2 + c^2 - a^2}{2} - 2\sqrt{3}S$$

$$= \frac{a^2 + b^2 + c^2 - 4\sqrt{3}S}{2} > 0。$$

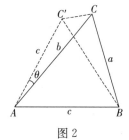

图2

因此，总的说来，有 $a^2 + b^2 + c^2 \geq 4\sqrt{3}S$。

解法3 （代数法）

根据海伦公式 $S = \sqrt{p(p-a)(p-b)(p-c)}$，我们有

$$S = \sqrt{p(p-a)(p-b)(p-c)]}$$

$$\leq \sqrt{p\left(\frac{p-a+p-b+p-c}{3}\right)^3}$$

$$= \frac{1}{3\sqrt{3}}\sqrt{p[3p-(a+b+c)]^3}$$

$$= \frac{1}{3\sqrt{3}}\sqrt{p^4} = \frac{1}{3\sqrt{3}}p^2,$$

又 $p^2 = \left(\frac{a+b+c}{2}\right)^2 = \frac{1}{4}(a^2 + b^2 + c^2 + 2ab + 2bc + 2ca)$

$$\leq \frac{1}{4}(a^2 + b^2 + c^2 + a^2 + b^2 + c^2 + c^2 + b^2 + a^2)$$

$$= \frac{3}{4}(a^2 + b^2 + c^2)$$

代入上式，便得

$$\frac{1}{3\sqrt{3}} \cdot \frac{3}{4}(a^2 + b^2 + c^2) \geq S$$

所以　　　　　　　　　$a^2 + b^2 + c^2 \geq 4\sqrt{3}S,$

当且仅当 $a = b = c$ 时，等号成立。

2. 守株待兔

《韩非子·五蠹》中有一则简短的寓言：

宋人有耕者。田中有株。兔走触株，折颈而死。因释其耒而守株，冀复得兔。兔不可复得，而身为宋国笑。

后来人们把这个故事概括为"守株待兔"这一成语，比喻那些妄想不劳而获、坐享其成的办法，或者死守狭隘经验，不知道审时度势、融会变通的行为。但是，守株待兔也不完全是错误的。

欧洲文艺复兴时期，著名的艺术大师达·芬奇提出了一个"饿狼扑兔"的数学问题，说明有时守株待兔也是有好处的。

如图3，C点是一个兔子洞，一只兔子正在洞口南面60 m的地方O点处觅食。一只饿狼正在兔子正东方向100 m处的A点游荡。兔子猛然回首，碰见了饿狼那贪婪而凶残的目光，预感大祸临头，于是急忙掉头向自己的洞穴逃去。说时迟，那时快，饿狼眼看即将到口的美食就要逃掉，岂肯罢休，马上以两倍于兔子的速度紧盯着兔子追去。请问这只饿狼能逮住兔子吗？

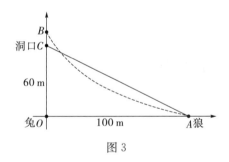

图 3

这是一个很有趣的问题。因为狼是始终紧盯着兔子追去的，所以它会不断地改变运动的方向，它跑的路线不是一条直线，而是一条曲线（如图3中的虚线），用高等数学的方法可以推导出它的方程是

$$y=\frac{1}{30}x^{\frac{3}{2}}-10x^{\frac{1}{2}}+\frac{200}{3}$$

令 $x=0$，可求得这条曲线与纵坐标轴的交点 B 的纵坐标为 $\dfrac{200}{3}$，当兔子安全进洞的时候，狼离洞口还有差不多两米的距离，眼睁睁地看着兔子逃进洞里去了。如果饿狼不是"死死盯住兔子"，而是把眼光放远一点，按图 3 中 AC 的方向直奔洞口，然后在洞口"守株待兔"，兔子就难逃噩运了。

3. 鸡兔同笼

我国古代数学著作《孙子算经》中有一道众所周知的鸡兔同笼问题，很有名气：

今有雉（野鸡）兔同笼，上有三十五头，下有九十四足。问雉兔各几何？

解 我国古代不用列方程解应用题的方法，而是把各种应用问题分型划类，提炼出若干模型，然后针对各种模型，设计一种或数种巧妙的算法。我们首先来建立一般问题的解法模型。

笼中有甲、乙两种动物，甲种动物有 m 个脚，乙种动物有 n 个脚（$m>n$）。两种动物共有 p 个头，q 个脚。问两种动物各有几只？

如图 4 所示。

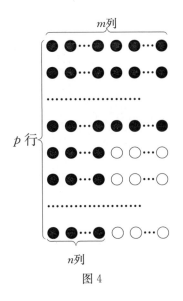

图 4

点的总数(包括黑、白点)：pm，

白点个数：$pm-q$

设全部黑色点列为 y 行，两色的点

列为 x 行，则 $x+y=p$。

白点个数：$pm-q=x(m-n)$，

所以 $\quad x=\dfrac{pm-q}{m-n}$, $\qquad$ ①

$y=p-x=\dfrac{q-pn}{m-n}$。 $\qquad$ ②

对于《孙子算经》中的鸡兔同笼问题，它可以直接利用公式①和②计算。

这时 $p=35$，$q=94$，$m=4$，$n=2$，代入①式，即得

$x=\dfrac{pm-q}{m-n}=\dfrac{35\times4-94}{4-2}=\dfrac{46}{2}=23$(鸡的只数)，

$y=p-x=35-23=12$(兔的只数)。

奇特的算术

弈棋与数学

《西游记》第九回、第十回写唐太宗为救龙王，不让魏征能有机会抽身去处斩龙王，便故意与魏征下棋，拖住魏征让其不能离开。却说太宗与魏征在便殿对弈，一递一着，摆开阵势。正合《烂柯经》云：博弈之道，贵乎严谨。高者在腹，下者在边，中者在角，此棋家之常法。法曰：宁输一子，不失一先。击左则视右，攻后则瞻前。有先而后，有后而先。两生勿断，皆活勿连。阔不可太疏，密不可太促。与其恋子以求生，不若弃之而取胜；与其无事而独行，不若固之而自补。彼众我寡，先谋其生；我众彼寡，务张其势。善胜者不争，善阵者不战；善战者不败，善败者不乱。夫棋始以正合，终以奇胜。

对下棋之道发表论述并不难，但实际做来却相当困难。其实，无论是围棋、象棋或国际象棋都是一种"数学"，它们的规则，相当于数学的公理。每盘棋局都是一个命题，走出某种局势都是按规则运算推出的结论。例如，中国象棋中"单车难破士象全（对方有双士象而本方只有一车）"之类的结论，就是可以像数学那样证明的定理。

自从1997年春夏之交，俄罗斯国际象棋大师卡斯帕罗夫败于深蓝计算机之后，不断有计算机战胜人类大师的消息传出，直至2017年阿尔法狗在快棋赛中横扫60名世界围棋名将，这充分说明了数学与棋类的关系。

图1的象棋残局选自中国象棋古谱《竹香斋》，原名"双炮禁双炮"。这局棋很有趣，双方的兵种、兵力及兵力的部署完全相同。前人认为这是一盘铁定的和局，但是通过数学的演绎，结果应是先走的红方获胜。

人们是怎样发现这盘残局会是红先胜的呢？

双方的中炮不能离开中路，只能在五路上移动。可以有 4 种走法，即向前 1 步，2 步，3 步和 4 步。同样，红（黑）方的三（7）路炮也不能离开三（7）路移动。此外，还有边兵（卒）可走一步。因此，双方共有三条线上可以动子，分别能走 1 步，4 步，8 步。谁能取胜，与一种抓火柴的数学游戏是完全相同的。

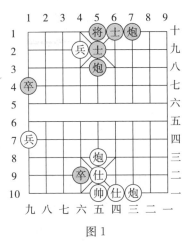

图 1

现在把每条线路看作一堆火柴，能走的步数看作火柴的根数。这盘棋的走法，就相当于对一个初始状态为（1，4，8）的三堆火柴做抓火柴的游戏。（1，4，8）是一个"奇型"，所以先走者红方必胜。

有一种名为尼姆的抓火柴游戏，据说它起源于中国，后来传到了欧洲，在欧洲颇为盛行。

桌上摆有若干堆（通常用三堆作为典型代表即可）火柴，两人轮流来取。每人每次可以从任一堆中取走一根或多根火柴，可以一次把一堆火柴取光，但不许不取也不许同时从几堆中取，谁能够取走最后一根火柴就赢得胜利。问游戏参加者采取什么样的策略，才能使自己立于不败之地？

因为在下面的论证中要借助二进制数，二进制数比较抽象，为了形象化，我们把它转化为易卦（黑白点列）来讨论。

为了不妨碍一般性，假设三堆火柴分别有 17 根、56 根和 41 根，记作（17，41，56），称为三堆火柴的初始状态。把每个数改写成一个二进制数，每一个二进制数再转化为黑白点列。例如

$$17 = 010001_{(2)} \rightarrow ● ○ ● ● ● ○;$$

$$41 = 101001_{(2)} \rightarrow ○ ● ○ ● ● ○;$$

$$56 = 111000_{(2)} \rightarrow ○ ○ ○ ● ● ●。$$

三数组(17，41，56)便可写成三列黑白点阵的形式：

$$17 \rightarrow ● ○ ● ● ● ○$$

$$41 \rightarrow ○ ● ○ ● ● ○$$

$$56 \rightarrow ○ ○ ○ ● ● ●$$

2 2 2 0 0 2

图 2　一个偶型三数组

图 2 中每个点列下面标的数字 2，2，2，0，0，2 表示点阵中各列上○的个数。即第一、第二、第三、第六列上有 2 个○，第四、第五列上有 0 个○。它们称为三数组(17，41，56)的特征数组。如果特征数组的 6 个数码全是偶数，则称这个三数组为偶型三数组。图 2 所示的就是一个偶型三数组。如果特征数组的 6 个数中至少有一个是奇数，则称这个三数组为奇型三数组。例如，从初始状态为(17，41，56)的三堆火柴中的第二堆取走 15 根火柴，还剩 26 根，成为新状态(17，26，56)。因为 $26 = 011010_{(2)} \rightarrow ● ○ ○ ● ○ ●$，相应的三数组(17，26，56)的特征数组中有四个是奇数，因而变成了奇型(图 3)：

$$17 \rightarrow ● ○ ● ● ● ○$$

$$26 \rightarrow ● ○ ○ ● ○ ●$$

$$56 \rightarrow ○ ○ ○ ● ● ●$$

1 3 2 0 1 1

图 3　一个奇型三数组

对于任何一个偶型三数组，当游戏者从一堆火柴中取走若干根火柴后，该堆火柴数对应的点列至少要减少一个白点，使得新三数组的特征数组中至少会出现一个奇数，从而新的三数组变为奇型。

对于一个奇型三数组，从一堆中取走若干根火柴后，并不能保证它变为偶型，但总有一种特定的取法，使原来的奇型三数组仍变为偶型。以图 3 的奇型三数组为例，先找到特征数是奇数的最左一列，即第一列。在这一列上找到一个含有白点的行，即第三行。将这一行中位于特征数是奇数的列上(第一、第二、第五、第六)的所有点都改变颜色，原是白点的改黑点，原是黑点的改白点。于是原来的第三行变为一个新点行。由于表示较高数位的点由白变黑，新点行表示的二进制数则由大变小，相当于取走了若干根火柴。如图4所示，表示在第三堆中取走了32＋16－2－1＝45（根）火柴，还剩56－45＝11（根），11对应的点列是●●○●○○，新状态(17，26，11)对应的三数组(图4)是一个偶型的三数组：

$$17 \rightarrow ●○●●●○$$
$$26 \rightarrow ●○○●●●$$
$$11 \rightarrow ●●○●○○$$
$$0\ 2\ 2\ 2\ 0\ 2\ 2$$

图4　一个新的偶型三数组

新状态(17，26，11)对应的三数组中，因为原来为奇特征数的列上都增加或减少了一个白点，相应的奇特征数都变成了偶数；而原来为偶特征数的列上没有任何改动，仍保持为偶数。所以，全部特征数都变成了偶数，因而新三数组成为偶型。

于是我们便得到了一种取胜的策略：

(1)当三堆火柴开始时的状态是偶型三数组时，则让对方先取，他取后留下一个奇型，自己再使它重新变为偶型，使对方永远面临偶型，自己则永远面临奇型。由于每次取火柴后，火柴至少要减少一根，必有取尽的时候。但是因为对手每次都面临一个偶型三数组，他取火柴后总是剩下一个奇型，永远不能得到偶型三数组(0，0，0)，即全部取完的状态；后取者必然会取到(0，0，0)而获胜。

(2)若开始时三堆火柴的状态是奇型，则争取先取，通过一次取火柴使之变为偶型组，形势就转化为(1)，从而使自己获胜。

这里所说的方法和结论，可以直接推广到有 n 堆火柴的情况。

现在回到开始的那局残棋。

因为双方共有三条线上可以动子，分别能走1步，4步，8步。现在把每条线路看作一堆火柴，能走的步数看作火柴的根数。这盘棋的走法，就相当于对一个初始状态为(1，4，8)的三堆火柴做尼姆游戏。(1，4，8)是一个"奇型"，所以先走者红方获胜(图5)。

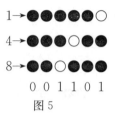

001101

图 5

最后，我们看南斯拉夫 1974 年的一道数学竞赛试题：

在 8×8 的国际象棋盘上的第一行放上 8 枚白子，在第八行放上 8 枚黑子，每格 1 子。按下列规则进行游戏：白方先走，黑白双方轮流沿竖列走自己一方的子。每一步可让棋子沿着竖列前进（或后退）一格或若干格，既不能从棋盘上取下棋子，也不准把棋子放进对方已占据的方格或者越过对方棋子。谁最先不能再走，谁就算输。你认为是白方还是黑方总能获胜？

如图 6 中粗线所示，把 8×8 的棋盘划分为 4 个 2×8 的竖条，若黑方迫使白方在每个竖条里都无路可走，则白方在整个棋盘上也无路可走。故只要研究在一个竖条内的取胜策略即可。

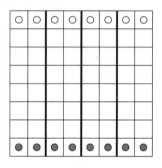

图 6

由于在每一区域内，两列各有 6 步可走，相当于一个初始状态为 (6，6) 的抓两堆火柴游戏，黑方只要争取后走就一定获胜。

数学谜语

　　《西游记》的第六十四回写得很特殊，几株树木成了精，和前几回写的妖精青面獠牙、食人饮血者完全不一样，他们仙风道骨，羽扇纶巾，吟诗作赋，谈经论道，一派斯文。而且整回小说都充满谜语。每个妖的名号也是谜语：十八公者，松也。拂云叟者，竹也。众人与唐僧联诗，清音雅韵，但不是通常的咏物诗，而是谜语式的诗。"解与乾坤生气概，喜因风雨化行藏""长廊夜静吟声细，古殿秋阴淡影藏""翠筠不染湘娥泪，班箨堪传汉史香"，都是用诗的形式写的谜语。

　　用诗制谜很常见，其实数学人也可以用数学问题制造谜语，它相当于一个连环谜，先解一个数学题，再用数学题的答案或解题特点作谜面猜谜。

1. 考考爱因斯坦

　　有一次，几位美国心理学家想测验一下，著名的物理学家爱因斯坦的思维敏捷性究竟如何？他们请爱因斯坦做下面这道数学题：

　　图1中每一个水果代表一个数，相同的水果代表相同的数，不同的水果代表不同的数。图右边的数字分别表示各行数字之和；图下边的数字，分别代表各（直）列中数字的和。请问图中的问号代表何数？

　　心理学家们请爱因斯坦尽快说出正确的答案。试试看，你用多长时间能得出答案。

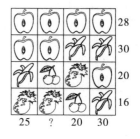

图 1

分析 这个问题，有人会列出四元一次方程组求解：

设 x，y，z，w 分别代表苹果、香蕉、樱桃和菠萝所表示的数字，于是据图可列出四元一次方程组，解方程组，求得 $x=7$，$y=8$，$z=2$，$w=3$，将四个未知数的值代入第三列即可算出"?"等于 19。

这个问题最好利用数学中一个重要的原理——富比利原理来解答。富比利原理也叫作算两次原理。这个原理说：

$m \times n$ 个数排成一个 m(横)行 n(竖)列的表，那么各行的和数相加等于各列的和数相加。

把算两次原理用到这个问题，就有：

$$28+30+20+16=25+?+20+30，$$

$$28+16=25+?，$$

便可立即算出"?"等于 19。

谜语 以"十九"为谜面打一成语。

谜底 "二十"是一个有趣的数字，在过去的商业记账中，它还有另外一个写法——"廿"，音同"念"，大写也为"念"。因为十九与二十相差一，所以谜底可猜"一念之差"。

富比利原理是组合计数中一个常用的方法。这个原理看似简单，但在解决某些数学问题时，常有意想不到的效果。

2. 叠字诗

清朝末年的文学家俞樾写过一首描写杭州九溪十八涧景区的诗：

重重叠叠山，曲曲环环路。丁丁东东泉，高高下下树。

此诗运用叠音的技巧，对山、路、泉、树等摹拟声音，描述形状，不仅自然贴切，而且从音韵上给人以层次丰富、盘旋回转、铿锵悦耳、参差错落之感。我国著名数学科普作家谈祥柏先生在《丁丁东东的数学》这篇文章中，把这首诗转化成一道数学题，收集在他的《数学百草园》一书中。

在下面四个竖式加法中，每个汉字代表一个数字，在同一个算式中，相同的汉字表示相同的数字，不同的汉字表示不同的数字，请写出它的答案：

$$
\begin{array}{r} 重 \\ +)\ 重叠 \\ \hline 叠山 \end{array}
\qquad
\begin{array}{r} 曲 \\ +)\ 曲环 \\ \hline 环路 \end{array}
\qquad
\begin{array}{r} 丁 \\ +)\ 丁东 \\ \hline 东泉 \end{array}
\qquad
\begin{array}{r} 高 \\ +)\ 高下 \\ \hline 下树 \end{array}
$$

分析 注意到这四个算式中，个位相加进位 1 后，使十位上的"重""曲""丁""高"分别变成"叠""环""东""下"。所以"重"与"叠"、"曲"与""环"、丁与"东"、"高"与"下"是两个连续的数字，而且它们相加要进位，在 10 个阿拉伯数字中，这样的数字恰好有 5 与 6、6 与 7、7 与 8、8 与 9 四对，所以四个算式的答案是

$$
\begin{array}{r} 5 \\ +)\ 5\ 6 \\ \hline 6\ 1 \end{array}
\qquad
\begin{array}{r} 6 \\ +)\ 6\ 7 \\ \hline 7\ 3 \end{array}
\qquad
\begin{array}{r} 7 \\ +)\ 7\ 8 \\ \hline 8\ 5 \end{array}
\qquad
\begin{array}{r} 8 \\ +)\ 8\ 9 \\ \hline 9\ 7 \end{array}
$$

谜语 本题恰有四个答案，试以"四"为谜面，打一成语。

谜底 欲罢不能。"罢"的繁体字写法是"罷"，欲"罷"而不"能"，留下一个"四"字。

例 1 最多有几名考生？

一次数学竞赛中，有 4 个选择题，每个题有 3 个供选择的答案。一群学生参加考试，结果是对于其中任意 3 个人，都有一个题目，他们的答案各不相同，问至多有多少名学生？

分析 如果人数 ≥10。那么第四个问题的答案中，最多的两种答案合起来至少出现 7 次。考虑这 7 人，他们对第三个问题的答案中，最多的两种答案合起来至少要出现 5 次。这 5 人中，他们对第二个问题的答案最多的两种至少要出现 4 次。不妨设此 4 人为甲、乙、丙、丁。这 4 人中对第一个问题的答案，至少有 2 人是相同的。不妨设此 2 人为甲、乙。再在丙、丁中任取一人，例如丙，考虑由甲、乙、丙三人组成的小组。由于此 3 人在第二、第三、第四题中都只有两个答案可供选择，3 人中至少有 2 人答案相同。所以甲、乙、丙 3 人的答案不能满足有一个题目，3 人的答案互不相同的条件，这一矛盾证明了总人数 ≤9。

另一方面，如果用阿拉伯数字表示人，汉字表示题号，A、B、C表示每题的三个选项，当9个人的答案如下表所示时，则每三个人都至少有一个题目，他们的答案各不相同：

	1	2	3	4	5	6	7	8	9
一	A	B	C	A	B	C	A	B	C
二	B	C	A	A	B	C	C	A	B
三	A	B	C	B	C	A	C	A	B
四	B	B	B	A	A	A	C	C	C

所以本题答案是至多有9人参加。

谜语 用"九人"的"九"为谜面，打一成语。

谜底 旭日东升。"旭"东边的"日"升上去了，剩下的是九。

例2 下面这道"割草人问题"出自大文豪列夫·托尔斯泰之手。

一组割草人要割完两块草地上的草，大的一块的面积是小的一块的2倍。全队人员在大草地割草半天之后，下午把人员均分成两半，一半仍留在大草地，另一半去小草地上割草。到了傍晚，大草地上的草已全部割完，小草地上还剩一小块，第二天正好一人一天割完。这组割草人共有多少人？（假定各人的工效以及上、下午的工效都是一样的）？

这道题当然可以用代数方法求解，但托尔斯泰特别称赞利用图形的算术简便解法，并且高兴地向青年人推荐。

如图5，设大草地的面积为1，那么小草地的面积就是 $\frac{1}{2}$。根据题设条件，一半组员用3个半天时间割完大草地的草，那么一半组员半天恰好割 $\frac{1}{3}$。在小草地上，一半组员用半天时间已割掉了 $\frac{1}{3}$，剩下 $\frac{1}{2}-\frac{1}{3}=\frac{1}{6}$。恰好是1人1天的工作量。又因为全组人员一天所割的草地面积为4个 $\frac{1}{3}$，即 $\frac{4}{3}$，所以全组有 $\frac{4}{3}\div\frac{1}{6}=8$（人）。

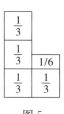

图 5

大草地　小草地

图 6

我们用易卦构建解答这个问题的模型。

画出如图 6 所示的 3 个六爻卦，9 个阳爻代表实有草地的面积，9 个阴爻表示虚拟草地的面积，虚拟草地可看成是由实有草地倒过来放置的，两块草地配对，就合成图 6 那样的一个图形。它有点像我国古代井田制度中的"井田"，由 9 块面积同样大小的草地组成，中间一块的一半恰好由一人一天割完，因此每一块两人一天割完。全组人一天共割了 4 块，所以全组人数为 $2 \times 4 = 8$(人)。

谜语　用"八人"的"八"为谜面，打一成语。

谜底　公而忘私。"厶"，同私，公而忘了厶，剩一八字。

否极泰来的游戏

《西游记》讲究泰与否的互相转化。

第九十六回说，师徒四人走得天色晚了，要找个地方投宿。见路旁有一庙宇，便一齐进去，但见廊房俱倒，墙壁皆倾，更不见人之踪迹，只是些杂草丛菁。欲抽身而出，不期天上黑云盖顶，大雨淋漓。没奈何，却在那破房之下，拣遮得风雨处，将身躲避。密密寂寂，不敢高声，恐有妖邪知觉。坐的坐，站的站，苦挨了一夜未睡。真个是：泰极还生否，乐处又逢悲。

第九十一回也写道唐僧在金平府被妖魔掳去，孙行者前往搜救，遇见了年、月、日、时四位功曹使者，四个人赶着三只羊，从西坡下来，一齐吆喝"开泰"。行者截住四值功曹打听，功曹道："设此三羊，以应开泰之言，唤做三阳开泰，破解你师之否塞也。"

我们都熟悉"否极泰来"这个成语，这个成语源出于《周易》。泰与否是《周易》中的两个卦（图 1）

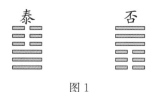

图 1

按照八卦传统的说法："乾为天，坤为地。"否卦是乾上坤下，即天在地上，宇宙间的确是这种现象；泰卦却是坤上乾下，即地在天上，宇宙间并不存在这种现象，但一般却认为泰卦吉利而否卦闭塞。程颐在《伊川易传》中分析否卦时说："天处上，地处下，是天地隔绝，不相交通，所以为否也。"天地不交则万物不通，一切不顺。至于泰卦，则是"天地阴阳之气相交而和，则万物生成，故为通泰。"中国古代哲学特别注重阴阳的交感，否与泰的转化，正是阴阳交感的象征。

我们来玩一个"阴阳交换""否去泰来"的游戏。

如图 2，在一个七行一列（格）的长条形内，下面三格分别放一个阴爻，上面三格分别放一个阳爻，中间留下一个空格，构成一个否卦之象。规定每一个爻可以按下列规则移动：

1. 如果上下有空格，可向空格移动一步；

2. 可以跳过一爻而进入空格，但不许跳过两爻以上；

3. 阳爻只能由上向下移动，阴爻只能由下向上移动，都不能向相反方向移动。

你能把否卦变成泰卦吗？最少要走几步？

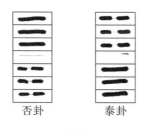

否卦　　　泰卦

图 2

这个游戏总可以完成，最少要 15 步。有兴趣的读者不妨一试。

现在我们把这个游戏推广到阴、阳爻各 n 个的情况，规则不变。为了书写简便，用黑、白点分别表示阴、阳爻，□表示空格，并把竖排改为横排。

设游戏有阴、阳爻各 n 个

$$●●……●●□○○……○○ \quad （●与○各 n 个） \qquad ①$$

按上述规则通过移动，使其阴阳易位，转化为

$$○○……○○□●●……●● \quad （○与●各 n 个） \qquad ②$$

至少需要 $n(n+2)$ 步。下面给出这个结论的一个推导。

引理 1　经过 $(1+2+…+n)$ 步移动后，可使①变为下面的形式：

$$□●○●○……●○ \quad （●○共 n 对，且 n 为奇数） \qquad ③$$

$$●○●○……●○□ \quad （●○共 n 对，且 n 为偶数） \qquad ④$$

用数学归纳法证明。

当 $k=1$ 时，①式为●□○，经 1 步移动，

●□○→□●○，即得①；

当 $k=2$ 时，①式为●●□○○，经 $1+2=3$(步)移动，

●●□○○→●□●○○→●○●□○→●○●○□即得②。

当 $k=1$，2 时，引理成立。

假定引理当 $k=1$，2，…，n 时，引理 1 已成立。考虑其对 $k=n+1$ 时的情形：

(1)若 n 为奇(偶数)，则 $n+1$ 为偶数(奇数)。在③中先不考虑首尾两爻(一阴一阳)，其中间恰有阴阳爻各 n 个

●●●……●●□○○……○○○ （中间●与○各 n 个）

由归纳假定，经过 $(1+2+\cdots+n)$ 步后，上式可变为

●□●○●●○○……●○○ （□后面●○共 n 对，n 为奇数）

●○●○……○●○□ （□前面●○共 n 对，n 为偶数）

在上(下)式中，从左至右(从右至左)，依次将○(●)隔一●(○)向左(向右)移入□内，进行 n 步后，最后把○(●)向左(右)一步移入□内，一共移动 $(n+1)$ 步，即分别得到④(③)，即引理 1 对 $k=n+1$ 时也成立。因此引理 1 对一切正整数 n 都成立。

引理 2 ③与④经过 n 步移动后，可分别变为

○●○●……○●□ （○●共 n 对，且 n 为奇数）　　　⑤

□○●○●●……○● （○●共 n 对，且 n 为偶数）　　　⑥

事实上，在③中，将○从右向左隔一个●依次跳入空格□，□不断右移至最后，即得⑤。类似地，在④中，将●从左向右每隔一个○依次跳入空格□，□不断左移至最前，即得⑥。故引理 2 成立。

引理 3 当阴阳爻分布成⑤与⑥的状态时，经过 $(1+2+\cdots+n)$ 步移动后，即可转化为

○○……○○□●●……●● （○与●各 n 个）

将⑥与③比较，只是两个符号●与○进行了位置的交换，排列的结构相同，按照从①到③的移动步骤，反其道而行之，经过 $(1+2+\cdots+n)$ 步后，即将⑥变为②。类似地，按照从①到④的移动步骤，反其道而行之，经过 $(1+2+\cdots+n)$ 步移动后，即将⑤变为②。

综合引理 1、2、3 可知，将①变换到②所需的步数是

$$S=(1+2+\cdots+n)+n+(1+2+\cdots+n)=2(1+2+\cdots+n)+n$$
$$=n(n+1)+n=n(n+2)$$

这是一个古老的但颇有难度的游戏。据说法国大数学家卢卡斯曾经出色地解答过下面这个"黑白易位"的游戏问题。

如图 3，在一个 7×7 的方格盘里，横竖对称地放着 48 个棋子，黑、白子各 24 个，正中央留着一个空格，作调动棋子之用。问最少多少步可以将黑白棋子易位？（规则与前文的否卦变成泰卦类似）

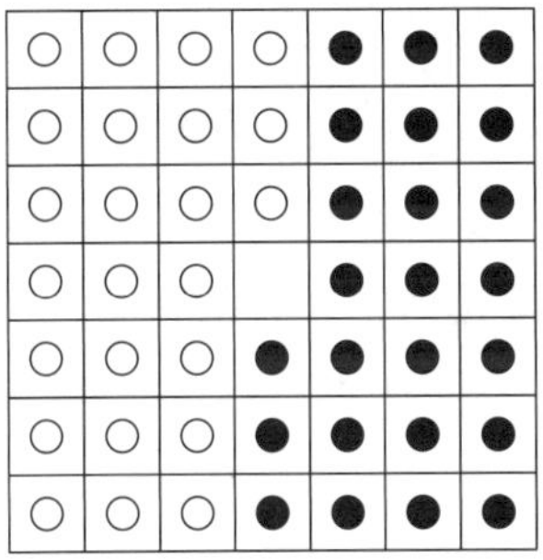

图 3

卢卡斯的想法与众不同。他认为应该化难为易，先考虑中间一列，即第 4 列（顺时针旋转了 90°）的情况（图 4）。

图 4

卢卡斯把二维降为一维，把平面化成直线，大大地降低了问题的复杂度。他很自然地给出了如图 5 所示的一种解法。

由前文及图 5 表明，最少要移动 15 步。

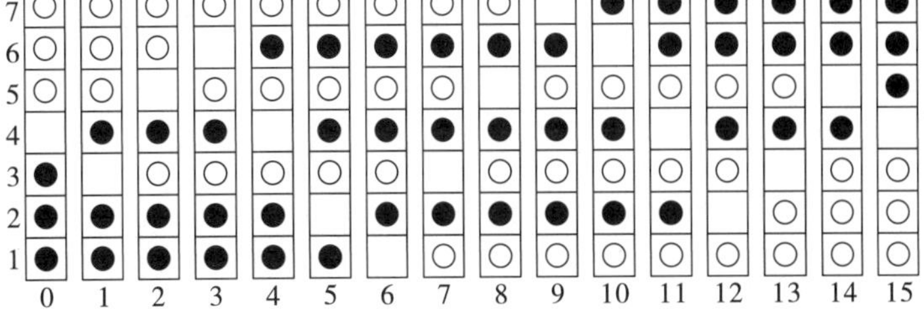

图 5

他进一步想到，如果把格子编号为 1，2，3，4，5，6，7，那么无论是走一步，还是跳一步，都不外乎是改变了一次空格的位置。因此，图 5 反映的移动过程就可以用空格的位置变化来描述：

□：3，5，6，4，2，1，3，5，7，6，4，2，3，5，4　　　　　⑦

从记录第 4 列的移动过程的序列⑦中可以看出，在移动的第 4 步到第 12 步之间，空格恰好连续地、不重不漏地出现在七个位置

2，1，3，5，7，6，4

于是在第 4 列上移动到第 5 步时，第 2 行上出现了空格，可将第 4 列上的移动暂时停下来，把第 2 行的移动做完（由于对称关系，在一行上做移动与在一列上做移动的过程是一样的，同样最少需要 15 步）。然后回到第 4 列移动到第 6 步，第 1 行上出现了空格，于是又把第 4 列上的移动停下，做好第 1 行上的移动，再回来继续做第 4 列的移动。如此继续，就会做到黑白子完全易位。一共要在 7 行、1 列上做移动，每行（列）需要 15 步，因此共需要移动 $15 \times 8 = 120$（步）。

这一游戏也可以推广到黑、白棋子各 n 个的情况。

既济和未济

　　《西游记》第八十八至八十九回，唐僧师徒来到天竺国玉华县，国王有三个小王子，都喜欢使枪弄棒。老大拿一条齐眉棍，老二抢一把九齿钯，老三使一根乌油黑棒子，恰好分别与行者、八戒、沙僧使用的武器相同。三个小王子发现三人武艺高强，一定要拜三个和尚为师。行者等欣然同意，并先给三个小王子传授了神力。小王子们招来了工匠，要打造三件与师父式样一致的兵器。当工匠们连夜打造兵器时，行者等的兵器本是宝物，几昼夜在工场放出万道霞光，被豹头山的黄狮精发现，盗走了孙悟空等三人的兵器。黄师精准备大开筵宴，请它们的祖爷爷来参加"钉钯会"。孙悟空与猪八戒、沙和尚化作采购猪羊的小妖，一起来到豹头山，夺回了自己的兵器，打死小妖，烧了妖洞。

　　三个小王子复制了师父们的三件兵器，总共就有了六件。师父们的三件是天生神物，小王子们的三件却是普通赝品，两者的差异可谓天渊之别。把六件兵器并排放在一起，我们可以玩一个一个有趣的数学游戏。

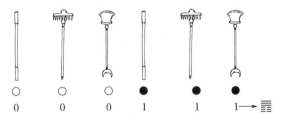

　　如上图所示，将孙悟空等三个和尚的三件兵器摆在左边（用白色棋子表示，记作 0），三个小王子的三件仿制品（用黑色棋子表示，记作 1），并排放在右边。把 000111 看成二进制数，就对应一个否卦。在上一节中，我们作

了一个把否卦变成了泰卦的游戏。现在我们再来做一个把否卦变成既济卦或未济卦的游戏，既济卦和未济卦都是阴阳爻相间而出现的。

既济卦　　　未济卦

为方便计，用黑白棋子分别代表阴阳爻，把竖排改成横排。

游戏的规则：将三白三黑的六粒棋子摆成

移动其中相邻两子（两黑、两白或一黑一白都行），放到一头。所留之空位由另外相邻两子来填补。这样继续进行下去。要求在最后达到黑、白棋子相间排列（黑在前），并要求移动的次数最少。

据我国著名数学科普作家谈祥柏先生在《趣味数学词典》一书中介绍，这个游戏出现较早。距今一百多年前一种名为移棋相间的游戏在欧洲风行一时，据说是从日本传过去的，所以西方人认为它是日本人发明的游戏。其实不然，现代著名文学家俞平伯先生的曾祖父俞曲园在《春在堂随笔》中就提到："长洲褚稼轩《坚瓠集》，有移棋相间之法……余试之良然，而内子季兰复推广之，自十一子以至二十子。""长洲"就是现在的苏州市，褚稼轩是清康熙时人，小说《隋唐演义》的作者。所以这种游戏，起源于中国是毫无疑问的。

极其有趣的是：诺贝尔奖获得者、我国著名物理学家的杨振宁先生，2019 年 12 月 27 日在《数学文化》上发表文章，谈到了这个游戏并给出了完全的解法。杨先生在文章中写道：

1940 年前后，在西南联大物理学和数学系的许多师生们都喜欢玩一个移动 $2n$ 个围棋子的游戏。我也对它花过不少时间，始终未能完全解决。20 多年后在美国我重新研究它，终于解决了所有 $n=3$，4，5，…的游戏，可是没有把答案写下来，只记得解决的一个关键方法是 mod 4。

最近看到一本关于许宝騄[①]的书，《道德文章垂范人间》，其中 316 页上

---

① 　许宝騄先生是我国著名数理统计学家

有一篇俞润民①的文章，说许曾研究"移棋相间法"，曾发现"合四为一之新律"。我猜，此新律恐怕就是后来我发现的 mod 4 方法。

这几天重新研究此游戏，再度得到全解，在下面描述。

下面即是杨振宁先生提供的解法。

$P(3)$（$P(n)$表示 $2n$ 个棋子的移棋相间法）

○○○●●●	(1)
○●●●○○	(2)
○●● ○●○	(3)
●○●○ ●○	(4)

$P(4)$

○○○○●●●●	(5)
○ ○●●●●○○	(6)
○●○ ●●○○	(7)
○●●○●○● ○	(8)
●○●○ ●○●○	(9)

$P(5)$

○○○○○●●●●●	(10)
○ ○○●●●●●○○	(11)
○●●○○●● ●○○	(12)
○●●○ ●●○ ●○	(13)
○●●○●○● ●○ ○	(14)
●○●○ ●○●○●○	(15)

$P(6)$

○○○○○○●●●●●●	(16)
○ ○○○●●●●●●○○	(17)
○●●○○●● ●●○○	(18)
○●● ○●○○●●○○	(19)

---

① 俞润民先生是许宝騄的外甥，俞平伯的儿子

○●●○●○●○　　●●○○　　(20)

○●●○●○●○●　○　　(21)

　●○●○●○●○○○　　(22)

P(7)

○○○○●●●●●●　　(23)

○　　○○○●●●●●●○○　　(24)

○●●○○○●●　●○○　　(25)

○●●○　●●○○○●○○　　(26)

○●●○●○●●○○●　○　　(27)

○●●○●○　●○●○●○○　　(28)

○●●○●○●○　○●○●○　　(29)

　●○●○●○●○●○●○○　　(30)

P(8)

○○○○○○●●●●●●●●　　(31)

○　　○○○○●●●●●●●○○　　(32)

○●●○○○○●●●　●●○○　　(33)

○●●○○　○○●●●○●●○○　　(34)

○●●○○●○　●●○○●●○○　　(35)

○●●○●●○●○　○●●○○　　(36)

○●●○　●○●○●○　○●●○○　　(37)

○●●○●○●○●○●○　○　　(38)

　●○●○●○●○●○●○●○○　　(39)

从(31)到(39)八步平行移动可以分成三段：

第一段(31)到(33)两步，中间八子○○○○●●●●完全不动。

第二段(33)到(37)四步，左右两端的○●●○和●●○○完全不动。

第三段(37)到(39)两步，其中第一步先不动(37)的左边四子○●●○，只把最右四子的中间二子●○移到左边而成(38)；第二步则把(38)中最左边的○●移到右边而成(39)。

比较第二段(33)到(37)这四步与 *P*(4)的(5)到(9)这四步，前者去掉最左四子与最右四子就与后者完全相同！$P(4)$ 是 $P(8)$ 的中心。$n=8$ 在中心以外的两步和第三段的两步以及左右 8 子，合起来形成一框，我们称之为外框。

$P(8)$ 的中心是 $P(4)$，四周是一外框，我们把这一关系记为

$$P(4) \rightarrow P(8)$$

这个关系显然可以推广：

$$P(4) \rightarrow P(8) \rightarrow P(12) \rightarrow P(16) \cdots$$

同样

$$P(5) \rightarrow P(9) \rightarrow P(13) \rightarrow P(17) \cdots$$

$$P(6) \rightarrow P(10) \rightarrow P(14) \rightarrow P(18) \cdots$$

$$P(7) \rightarrow P(11) \rightarrow P(15) \rightarrow P(19) \cdots$$

至此，我们得出所有 $n \geqslant 3$ 时的 $P(n)$。

加个四就成了一万

《西游记》第八十四至第八十五回说，唐僧等到了灭法国，这个国家的国王不知前生哪世里结下冤仇，今世里无端造孽。两年前许下一个罗天大愿，要杀一万个和尚。这两年陆陆续续，杀够了九千九百九十六个无名和尚，只要等四个有名的和尚，凑成一万，就好圆满庆功了。

唐僧师徒们不敢以和尚的面貌进城，四人化装成俗人住进城里的客店。但在劫难逃，仍然鬼使神差地被捉到国王那里等候处理。幸亏孙行者使用法力在夜间把国王、后妃以及满朝文武的头发都剃掉了，众人都变成了和尚。国王这才幡然悔悟，决心不再杀和尚，并愿拜唐僧为师，还接受孙行者的建议，把灭法国的国名改为钦法国，变消灭法律为尊敬法律。

无独有偶，第九十六至第九十七回，唐僧四众来到了铜台府地灵县，县里有个寇洪员外，四十岁开始斋济僧人，已经斋了二十四年，斋过九千九百九十六员，还少四众，未能圆满。今日恰好来了唐僧等四人，正好达到功德圆满之数。可是在唐僧师徒离开后强盗抢劫了他家，杀死了寇员外，他的妻子却无中生有、颠倒黑白，说是亲眼看见唐僧师徒前来抢劫，杀害了她丈夫，把唐僧师徒诬告到官府，行者费了不少周折，才使真相大白，冤案得以澄清。

9996 个冤死的和尚对应着 9996 个受斋的和尚，生死两漫漫，竟然都要唐僧、悟空、八戒和沙僧 4 个和尚来凑数，以求功德圆满！用式子来表示：

$$9996+4=10000。$$

撇开这些荒诞不经的故事，我们做几个与 9，6，4 三个数字关联的数学趣题。左边的 9、6、4 这三个数字很特殊，9 与 6 可以互相颠倒，从这三个数字出发，可以编出一些有趣的数学题。

例 1 用 4，6，9 三个数中的两个加上一些初等运算符号列成算式，使其得数等于第三个数。

解 $[9 \div [\sqrt{6}]] = [9 \div 2] = 4$；　　（$[x]$ 表示不超过 x 的最大整数）

$\sqrt{9} \times \sqrt{4} = 3 \times 2 = 6$；

$[4 \times \sqrt{6}] = [\sqrt{96}] = 9$（因为 $9^2 = 81 < 96$，$10^2 = 100 > 96$）。

例 2 有四张卡片，上面分别写着 9，9，9，6 这几个数字，试问：用这四张卡片可以摆出多少个不同的四位数？

解 注意到数字是写在卡片上的，9 和 6 可以互相颠倒而不作区分。换句话说，卡片上的数字，可以认为是 6，也可以认为是 9。因此，用四张卡片摆出的四位数有：

四个数字都是 9，可摆出 $C_4^4 = 1$（个）四位数：9999；

四个数字中有 3 个 9，可摆出 $C_4^3 = 4$（个）四位数：

$$9996, 9969, 9699, 6999$$

四个数字中有 2 个 9，可摆出 $C_4^2 = 6$（个）四位数：

$$9966, 9696, 9669, 6996, 6969, 6699$$

四个数字中有 1 个 9，可摆出 $C_4^1 = 4$（个）四位数：

$$9666, 6966, 6696, 6669$$

四个数字中有 0 个 9，可摆出 $C_4^0 = 1$（个）四位数：6666。

所以一共可以摆出 $C_4^4 + C_4^3 + C_4^2 + C_4^1 + C_4^0 = (1+1)^4 = 2^4 = 16$（个）四位数。

例 3 能找到两个非负整数 x，y，使 $4x + 9y = 24$ 吗？23 呢？

解 数论中有一个定理：

定理 二元一次不定方程

$$ax + by = n, \ (a, b) = 1, \ a > 0, \ b > 0, \qquad ①$$

当 $n > ab - a - b$ 时，有非负整数解，当 $n = ab - a - b$ 时则不然。

事实上，对于二元一次不定方程 $ax + by = n$，$(a, b, n) = 1$ 有整数解的

充要条件是 $(a, b)=1$。设 $n>ab-a-b$ 时，(x_0, y_0) 是①的一个整数解，则①的一般整数解为 $\begin{cases} x=x_0+bt, \\ y=y_0-at, \end{cases}$ $t=0, \pm1, \pm2, \cdots$，取整数 t，使 $0\leqslant y_0-at\leqslant a-1$（这样的 t 一定存在），于是有 $a(x_0+bt)=n-b(y_0-at)>ab-a-b-b(a-1)=-a$，而 $a>0$，从而 $x_0+bt>-1$，故 $x=x_0+bt\geqslant0$。即 $n>ab-a-b$ 时，方程①有非负整数解。

反之，如果 $n=ab-a-b$ 时，假设方程①有非负整数解 $x\geqslant0$，$y\geqslant0$，则由 $ax+by=ab-a-b$ 得

$$a(x+1)+b(y+1)=ab \qquad\qquad ②$$

因 $(a, b)=1$，故 $a\mid(y+1)$，$b\mid(x+1)$，从而 $y+1\geqslant a$，$x+1\geqslant b$，于是由②式，得 $ab\geqslant a^2+b^2\geqslant2ab$，矛盾，因而当 $n=ab-a-b$ 时，方程①无非负整数解。

由定理知，取 $a=4$，$b=9$，因 $(4, 9)=1$，而 $23=4\times9-4-9$，故不存在非负整数 x，y，使 $4x+9y=23$。但 $24>4\times9-4-9$，一定存在非负整数 x，y，使得 $4x+9y=24$，例如 $4\times6+9\times0=24$。

当 $(a, b)=1$，$ab-a-b$ 称为 a，b 的最大不可表数。

例4 一个等比级数前三项的和等于 19，其平方和等于 133，确定这个级数。

解法1 设等比数列的公比为 q，则等比数列的前三项可以写为 $\dfrac{m}{q}$，m，mq。依题意有

$$\frac{m}{q}+m+mq=19 \qquad\qquad ③$$

$$\frac{m^2}{q^2}+m^2+m^2q^2=133 \qquad\qquad ④$$

令 $x=q+\dfrac{1}{q}$，分别代入③、④，得

$$m(x+1)=19 \qquad\qquad ⑤$$

$$m^2(x+1)(x-1)=133 \qquad\qquad ⑥$$

⑥÷⑤得 $m(x-1)=7,$ ⑦

联立⑤⑦可得 $m=6$，$x=\dfrac{13}{6}$，从而 $q=\dfrac{2}{3}$ 或 $q=\dfrac{3}{2}$。

因此，满足题目条件的等比数列有两个：

$$4,\ 6,\ 9,\ \frac{27}{2},\ \frac{81}{4},\ \cdots$$

和 $$9,\ 6,\ 4,\ \frac{8}{3},\ \frac{16}{9},\ \cdots$$

解法 2 设等比数列的前三项为 m，mq，mq^2，则依题意有

$$m(1+q+q^2)=19 \tag{⑧}$$
$$m^2(1+q^2+q^4)=133 \tag{⑨}$$

将⑧平方 $\quad m^2(1+q^4+2q+3q^2+2q^3)=361$ ⑩

由⑩减⑨ 得 $m^2(q+q^2+q^3)=114$ ⑪

即 $\quad mq\cdot m(1+q+q^2)=114,$

注意到 $m(1+q+q^2)=19$，代入上式即得 $mq=6$。将 $mq=6$ 代入⑧，得 $m+6q=13$。

因此 m 与 $6q$ 是一元二次方程

$$x^2-13x+36=0$$

的两根，可得 $\begin{cases} m=4, \\ q=\dfrac{3}{2}, \end{cases}$ 或 $\begin{cases} m=9, \\ q=\dfrac{2}{3}. \end{cases}$

例 5 怎样用 1 至 9 这些数字(每个数字只用一次)组成一个五位数 A 和一个四位数 B，使得

(1)$A\div B=4$；　(2)$A\div B=6$；　(3)$A\div B=9$。

解 (1)因为 $A=4B$，所以 $A-B=3B$。另一方面，因为 A 与 B 的各位数字之和 $1+2+\cdots+9=45$，为 9 的倍数。注意到两个数字相加若要进位，则数字之和减小 9(因进位后本位上数字和减去了 10，但上位数字增加 1，实际减去 9)，所以 $A+B$ 的各位数字之和仍然是 9 的倍数，因而 $2B=(A+B)+(A-B)$ 是 9 的倍数，从而推出 B 是 9 的倍数。再由 $A=4B$，知 A 是 36 的倍

数。通过试算，得到下面四组解：

$$15\ 768 \div 3\ 942 = 4; \qquad 17\ 568 \div 4\ 392 = 4;$$

$$23\ 184 \div 5\ 796 = 4; \qquad 31\ 824 \div 7\ 956 = 4。$$

(2)因为 $A = 6B$ 为 3 的倍数，$A + B$ 是 9 的倍数，于是 B 是 3 的倍数，A 是 18 的倍数，进一步可得 B 是 9 的倍数。通过试算，有下面的三组解：

$$17\ 658 \div 2\ 943 = 6；34\ 182 \div 5\ 697 = 6；27\ 918 \div 4\ 653 = 6$$

(3)满足 $A \div B = 9$ 条件也有三组解：

$$57\ 429 \div 6\ 381 = 9；75\ 249 \div 8\ 361 = 9；58\ 239 \div 6\ 471 = 9$$

用 24 根火柴玩游戏

《西游记》第二十二回是全书的一个重要转折点，至此取经的队伍已全部集结完毕，下一步将进入"九九八十一难"的漫取经过程，神奇魔幻的故事、惊心动魄的场面，纷至沓来。

24 是中国古代数理哲学中一个神秘的数字。因为 $24＝3\times2^3＝3\times8$，三与八这两个数被古人看得很神秘，三是"天、地、人"三才，八是八卦。《周易·说卦传》说："昔者圣人之作易也，将以顺性命之理。是以立天之道，曰阴与阳；立地之道，曰柔与刚；立人之道，曰仁与义。兼三才而两之，故易六画而成卦。"而八卦则是"以通神明之德，以类万物之情""范围天地之化而不过，曲成万物而不遗"的神秘的、类万物的符号。

去掉 24 的神秘色彩，因为 24 可以被 2、3、4、6、8、12 等数整除，所以可以用它来编制许多有趣的数学问题。

拿来 24 根火柴，恰好可以摆成两个 24，一个是汉字的"二十四"，一个是阿拉伯字的"24"。

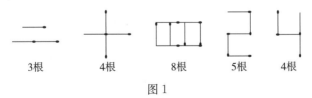

| 3根 | 4根 | 8根 | 5根 | 4根 |

图 1

我们再玩一个用 24 根火柴摆正方形的游戏。用 4 根火柴可以摆一个正方形，用 24 根火柴能够摆多少个互不重叠的正方形呢（边可以共用，面积不能重叠）？

分析　（1）当没有共用边时，因为

$24＝4×6×1＝4×3×2＝4×2×3＝4×1×6,$

如果正方形每边用 6 根火柴，那么可以构成 1 个正方形；

如果正方形每边用 3 根火柴，那么可以构成 2 个正方形；

如果正方形每边用 2 根火柴，那么可以构成 3 个正方形；

如果正方形每边用 1 根火柴，那么可以构成 6 个正方形。

(2)当有共用边时，共用的边数应是 4 的倍数：

当有 4 边共用时，可以构成 7 个小正方形(图 2)；

当有 8 边共用时，可以构成 8 个小正方形(图 3，4)；

当有 12 边共用时，可以构成 9 个小正方形(图 5)。

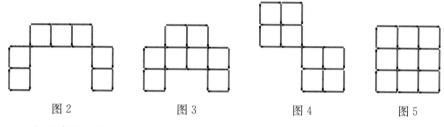

图 2   图 3   图 4   图 5

下面再玩几个摆火柴的游戏。

1. 搬动火柴游戏

(1)在图 6 中先移动 4 根火柴，创造出 2 个较小的等边三角形；再移动 4 根火柴，创造出 4 个更小的等边三角形。

(2)用火柴搭成由 9 个相同的三角形组成的图形(图 7)。拿走 5 根火柴，使之留下 5 个三角形，应该怎样做？

(3)取同一图形(图 6)，并且移置 6 根火柴，使得所得图形组成 6 个相同的四边形。

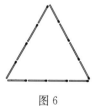   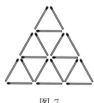   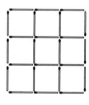

图 6   图 7   图 8

(4)用 24 根火柴搭成如图 8 所示的九宫格图形：

a)拿走 4 根火柴，使之留下 5 个正方形；

b)拿走 6 根火柴，使之留下 3 个正方形；

c)拿走 8 根火柴，使之留下 2 个正方形。

(5)最少移动几根火柴使得图 9 中的鱼头转向？

(6)最少移动几根火柴使得图 10 中的猪头转向？

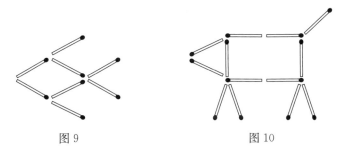

图 9　　　　　　　　　图 10

2. 用火柴构图

从拓扑学上来说，在满足下面两个条件的情况下，4 根火柴能构成 5 个不同的连通图形，5 根火柴则能构成 12 个不同的图形：

(1)火柴只能在每个端点处连接。

(2)火柴都位于同一个平面内。

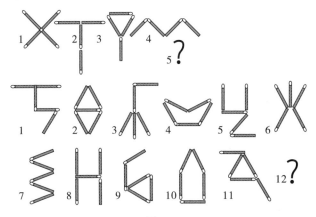

图 11

注意：一旦一个图形形成之后，那么这个图形就能演变成无数种拓扑学上等价的图形，并且不需要将其原先的节点分开。

在每组图形里，都有一个图形缺失不完整，你能够将缺失的那一部分找回来吗？

分析 无论是为了构造出一切可能的图形，还是判断两个图形是否在拓扑意义下等价，都可以从以下几个方面入手分析：

图形中有圈与否？如果有，其分布与状态如何？

节点处角的度数状态如何？最大的和最小的各是多少度？

有圈的图形与无圈的图形不能等价；节点处角的最大度数不相同的图形也不可能等价。

在图 11 中，由 4 根火柴和 5 根火柴构成的图形中，都缺少一个由 4 根火柴构成的圈（图 12）。

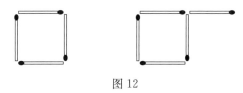

图 12

3. 交汇在一点的火柴

每一个顶点都是由两根火柴汇集在一起形成的最小图形是三角形。每个顶点都有 3 根火柴汇集在一起的最小图形是什么呢？4 根火柴汇集呢？

每个顶点都有 3 根火柴的图形最少需要 12 根火柴，这 12 根火柴聚集在 8 个顶点上（图 13）。4 根火柴在一个顶点上汇集的最好回答，则是海科·哈博特提出的 104 根火柴在 52 个点上汇集（图 14）。至于 5 根火柴及以上的情况，目前还没有找到答案。

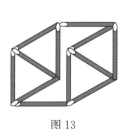

图 13   图 14

4. 摆火柴证明几何问题

将 2 根火柴摆成一条直线，请用逻辑论证的方法证明所摆的两根火柴在一条直线上。

证明 另用 5 根火柴与原摆的两根火柴做成三个带有公共顶点的等边三角形，如图 15 所示，摆成一直线的两根火柴所成的角等于 $60° \times 3 = 180°$，所以摆的两根火柴成一直线。

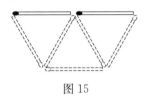

图 15

从九引出的循环现象

　　唐僧、孙悟空等师徒四众去西天取经，历经了"九九八十一难"，这是妇孺皆知的。直到第九十九回，观音菩萨从头看了唐僧等人所受的磨难清单，发现唐僧等只受了八十难，还少一难，未能完成此数。即令揭谛赶上护送唐僧等人的八大金刚，再给唐僧等人制造了最后一次难，终于完成了"九九八十一难"。

　　这个"九九八十一"就成了苦难的象征，但是"九九八十一"也是皇权的象征。故宫内各宫各殿及北京原来大小城门上，都有横竖各九排共八十一颗金黄色的门钉就是一个明证。

　　81 这个数有一个奇怪的循环现象：把 81 的两位数字加起来即得 $8+1=9$；9 的平方为 $9\times9=81$；……这一现象将会永远循环下去。有的人对这种循环现象觉得不可理解，便会产生一些迷信思想，以为是某种天道循环的反映。天道循环思想，不仅存在于"凡夫俗子"的头脑之间，也反映在某些宗教文化之中。

　　2008 年 5 月 12 日，我国汶川发生了 8 级地震，恰好 512 的三位数字之和是 $5+1+2=8$。更奇怪的是 512 这三个数字也有类似 81 的循环性质：512 的三位数字之和是 $5+1+2=8$；8 的立方为 $8\times8\times8=512$；……这一现象同样会永远循环下去。并且还可以证明，具有这一性质的三位数，512 是唯一的一个！

　　当时社会上流传着一种充满迷信色彩的说法：当月和日的数字加起来等于 8 的日子，可能发生大事，恰好 $5+1+2=8$，因而发生了地震。其实，这种说法是毫无根据的，月与日的数字之和等于 8 的日子全年有 30 天，约为一年的十二分之一。世界上哪一年不发生几十件大事，其中有一两件发生在"和数为8"的日子里，又有什么值得奇怪的呢？

其实，任何数字，数学家们都可以"略施小技"，设计一些简单运算，让它出现某种循环现象。再拿512这个数来说吧，我们已经对它通过运算得到8，还可以设计另外一种运算得到13：512可以分成5和12，而 $5^2+12^2=13^2$。有些人认为8为吉数，13为凶数，这是一吉一凶的两个数。我们还可以再设计一种运算，让8与13这两个数无限地循环下去：

先写下8和13两个数；把第二个数13加1，再用第一个数8去除，得第三个数 $\frac{7}{4}$；把第三个数 $\frac{7}{4}$ 加1，用第二个数13去除，得到第四个数 $\frac{11}{52}$；如此继续下去（即将后面一个数加1，再除以前面的数，得一新数），就会得到一个循环的数列：

$$8, \ 13, \ \frac{7}{4}, \ \frac{11}{52}, \ \frac{9}{13}, \ 8, \ 13, \ \frac{7}{4}, \ \frac{11}{52}, \ \frac{9}{13}, \ 8, \ 13, \ \cdots$$

如果8与13真有所谓吉凶的话，那么吉与凶真是形影不离，祸福相依，生生不息，循环不已。其实，任何两个不是0的数（0不能作除数），都可以按照上面的运算方法，产生一个循环的数列：

第一个：a，

第二个：b，

第三个：$(b+1)\div a = \dfrac{b+1}{a}$，

第四个：$\left(\dfrac{b+1}{a}+1\right)\div b = \dfrac{a+b+1}{ab}$，

第五个：$\left(\dfrac{a+b+1}{ab}+1\right)\div\dfrac{b+1}{a} = \dfrac{a+1}{b}$，

第六个：$\left(\dfrac{a+1}{b}+1\right)\div\dfrac{a+b+1}{ab} = a$，

第七个：$(a+1)\div\dfrac{a+1}{b} = b$，

……

循环就出现了，对8与13当然也不例外。

其实整数这种有趣的现象在数学中非常普遍，到处都有，我们很容易找到一些有趣的例子：

例1 153这个数有几个有趣的性质，例如：

$1+2+3+\cdots+16+17=153$；

$1!+2!+3!+4!+5!=153$。

但是153最"美妙"的性质是由以色列人科恩所发现的。从任一个3的倍数开始进行变换，把各位数字的立方相加，将其和作为下一次变换的数字。反复进行上述变换，经过有限次以后，结果必然到达153。

例如对84进行变换，结果将是：

$8^3+4^3=512+64=576 \rightarrow 5^3+7^3+6^3=125+343+216=684 \rightarrow 6^3+8^3+4^3=216+512+64=792 \rightarrow 7^3+9^3+2^3=343+729+8=1080 \rightarrow 1^3+0^3+8^3+0^3=1+0+512+0=513 \rightarrow 5^3+1^3+3^3=125+1+27=153$。

又例如对63进行变换，结果将是：

$6^3+3^3=216+27=243 \rightarrow 2^3+4^3+3^3=8+64+27=99 \rightarrow 9^3+9^3=729+729=1458 \rightarrow 1^3+4^3+5^3+8^3=1+64+125+512=702 \rightarrow 7^3+0^3+2^3=343+0+8=351 \rightarrow 3^3+5^3+1^3=27+125+1=153$。

在世界著名科普杂志英国《新科学家》周刊上负责常设专栏的一位学者奥皮亚奈已对此作了证明。《美国数学月刊》对有关问题做了进一步的探讨。

例2 喀普利卡数。印度境内某铁路沿线有一块里程指示牌，上面写着3 025公里，有一天该地区受到了龙卷风的袭击，那块里程碑被飓风拦腰折断，四个数字"3025"被分成两部分"30"和"25"。数学家喀普利卡发现了一个奇怪的循环现象：

$$3025 \rightarrow 30+25=55 \rightarrow 55^2=3\ 025$$

后来人们便把具有这个性质的数称为"喀普利卡数"。喀普利卡数不仅引起了数学家的兴趣，也引起了哲学家的兴趣。当然更会引起术数家们的兴趣，他们对此提出了许多奇谈怪论。

喀普利卡数不限于四位数，例如八位数60481799，把它分成前后两段并相加求和，得$6048+1729=7777$，而$7777^2=60481729$。原数60481729又回来了。

现在介绍两种求四位喀普利卡数的方法：

第一种是日本趣味数学名家藤村幸三郎的解法。设四位数的前两位为 x，后两位为 y，则由"喀氏数"的定义可列出式子：

$$(x+y)^2 = 100x+y,$$

即
$$x^2+2(y-50)x+y^2-y=0。$$

把它看成 x 的一元二次方程，解之得 $x=50-y\pm\sqrt{2\,500-99y}$。因为 $2\,500-99y$ 必须是完全平方数，故 y 只能等于 25 或 1，即可求出三个喀氏数 3\,025，2\,025 与 9\,801(0001 在此不视为四位数)。

第二个办法是日本人浅野英夫的解法。设四位数的前两位与后两位分别为 x，y，于是有

$$(x+y)^2 = 100x+y = x+y+99x$$

即
$$(x+y)(x+y-1) = 99x。$$

从而知 $x+y$ 与 $x+y-1$ 中有一个是 9 的倍数，另一个是 11 的倍数。这样就很容易找出合适的数是 44，55 与 99，从而即可发现三个喀氏数 2\,025，3\,025 与 9\,801。

例3 神奇的 6\,174。6\,174 这个不平常的自然数由于被一位印度数学家的率先研究，引起世人注意，甚至权威性的《美国数学月刊》等学术性刊物也就此发表了许多篇文章。

先任意写出一个各位数字不完全相同的四位数，即从 0000 至 9999 中的任何一个除 0000，1111，2222，…，8888，9999 以外的四位数，再按数字递减程序改写，然后求出其反序回文数，并将两数相减。如果反复地进行这种运算，则至多不出 8 步，就必定会得出 6174。

在这些操作中出现的 0 必须好好地保存，不可随便丢弃。例如：

$$1000-0001=0999；$$

$$9990-0999=8991；$$

$$9981-1899=8082；$$

$$8820-0288=8532；$$

$$8532-2358=6174$$

但对 6174 本身来说，按照变换规则，一次就返回了自身：

$$7641-1467＝6174$$

在三位数中，也有类似的自我生成数 495。

但对五位及以上的数字，则可能存在一个"循环链"，即呈现周期性重复的一个数字序列。

以九命名的数学问题

在中国文化中，"九"这个数字含有繁多、极限的意思，也含有尊贵、皇权、神秘的成分。在描写某些奇特、怪异的动植物时，往往夸大它们某一器官、部位的数量超常的多，多得不能再多，就说"九"。如在神话传说中有九头鸟、九尾狐、九头蛇、九尾龟等等。屈原的《招魂》中有"雄虺九首，往来倏忽，吞人以益其心些"说的是九个头的大雄蛇吃人以为乐。在《西游记》里既写了九头蛇，也写了九尾狐。第三十四回写压龙山压龙洞的九尾狐，应它的两个儿子金角大王和银角大王之邀，到莲花洞去吃唐僧肉时，被孙行者在半路上打死了。第六十三回中一条九头虫在碧波潭龙王处招了驸马，偷盗祭赛国的国宝，兴风作浪，害死了护国寺诸多和尚。后来被孙悟空、二郎神等打败，被二郎神的猎犬咬下一个头，落荒而逃。

数字"九"不仅在文化方面比较突出，在数学中也其特殊的地位。我国古代数学经典《九章算术》影响极大，著名数学家吴文俊曾经评价此书："对数学发展在历史上的崇高地位，足可与古希腊欧几里得《几何原本》东西辉映，各具特色。"《九章算术》的命名也独具中国特色。首先，"九"应该含有尊贵之意，《九章算术》原是官府中传授的数学，很晚才流向民间。其次"九"又含有内容丰富，作者众多之意。《九章算术》不是一人一时的著作，其内容涵盖了当今初等数学中算术、代数和几何的大部分内容，长期成为传播数学知识的教材。《九章算术》对中国古代数学的发展影响是全面而深远的，以致后世的一些数学家，很多都以"九章"作为自己著作的书名，如宋人秦九韶的《数书九章》，明人吴敬的《九章算法比类大全》等。

甚至在具体的数学问题中，由于 9 在 10 个数字中的特殊性，也往往容易引起人们的兴趣。下面我们来欣赏两道与 9 有关的数学题。

1. 九点圆

平面内不在同一直线上的三点，一定可以作一个圆，使三点在同一圆上，这个圆就是这三点构成的三角形的外接圆，这是众所周知的事实。从这个事实出发，人们不断进行研究，一是研究多点共圆问题，如四点共圆问题等，四点共圆是几何证明中最活跃、最有用的部分。另一是研究三角形中一些重要的特殊点与圆的关系。

1765 年，欧拉提出并证明了"三角形三边的垂足和三边的中点，凡六点共圆"。1821 年，法国著名数学家、近世几何的奠基人彭赛列把欧拉的六点圆扩充到九点共圆，他证明了：从三角形的每个顶点到三条垂线的交点所形成的三条线段的中点也在欧拉的六点圆上。1822 年，当时德国的一位中学数学教师费尔巴哈再度独立地研究并发现了九点圆，并进一步指出：九点圆与三角形的内切圆及三个旁切圆都相切。因此人们把九点圆称为费尔巴哈圆。由于欧拉六点圆与费尔巴哈九点圆是同一个圆，也有人称该圆为欧拉圆。在相当长的一段时间内，人们曾十分重视费尔巴哈圆的研究。尽管后来又发现许多有意义的点也在该圆上，但人们仍习惯地称该圆为九点圆。

定理　任意三角形三条高的垂足、三边的中点，以及垂心与顶点三条连线段的中点，九点共圆。

分析　这个定理的证明方法很多，并不太难。本题中给出了许多中点，从而可得到许多平行线(三角形中位线平行于底边)，又有不少垂线构成许多直角可供利用，因此要证九点共圆就不显得那么困难了，再加上许多关系是对称的，使证明更为简单一些。下面给出两种证明。

证法一　设△ABC 三边的中点分别为 M，N，P；三高垂足分别为 D，E，F，垂心为 H；HA，HB，HC 的中点分别为 G，T，S(如图 1)。

∵　PN 是△ABC 的中位线，

∴　$PN \underset{=}{\parallel} \frac{1}{2}BC$，

∵　TS 是△HBC 的中位线，

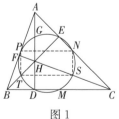

图 1

$$\therefore \quad TS\underset{=}{\parallel}\frac{1}{2}BC,$$

$\therefore \quad PN\underset{=}{\parallel}TS$，四边形 $PNST$ 是平行四边形。

$\because \quad PT$ 是 $\triangle ABH$ 的中位线，$\therefore PT/\!/AH$。

$\because \quad AH\perp BC$，$\therefore PT\perp TS$，$\therefore$ 四边形 $PNST$ 是矩形。

同理，四边形 $MPGS$，四边形 $MTGN$ 都是矩形。

所以 PS，NT，MG 是同一个圆的三条直径，即 P，S，N，T，M，G 六点共圆。

又因为 $\angle ADM=\angle GDM=90°$，所以点 D 在该六点圆上。同理点 E，F 也在该圆上。命题证完。

证法二 如图 2，连接 MS，MG，MT。

$\because HG=GA$，$HS=SC$，$HT=TB$，

$\therefore GS/\!/AC$，$MS/\!/BH/\!/BE$，

$\because BE\perp AC$，$\therefore MS\perp GS$。

$\therefore S$ 在以 MG 为直径的圆上。

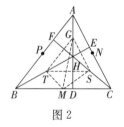

图 2

由于 T 与 S 具有对称的地位，故同理可证 T 亦在以 MG 为直径的圆上。

又因为 $GD\perp MD$，故 D 亦在以 MG 为直径的圆上。

因此 M，D，S，G、T 五点共圆。换言之，D，M 在过 T，S，G 的圆上。同理，其他两边的中点与垂足 N，E 和 P，F 亦必在此圆上，即 M，N，P，D，E，F，T，S，G 九点共圆。

2. 九位数

由数字 1～9 组成一个九位数，它的各位数字有下列规律：从左起第一位能被 1 整除，前两位组成的二位数能被 2 整除，前三位所组成的三位数能被 3 整除，……前九位所组成的九位数能被 9 整除。这个数的第七位是 7。你能求出这个九位数吗？

分析 不妨设这个九位数是 $\overline{A_1A_2A_3A_4A_5A_6A_7A_8A_9}$，由题设条件知，$A_2$，$A_4$，$A_6$，$A_8$ 必须是偶数，A_5 一定是 5，因为 $\overline{A_1A_2A_3A_45A_67A_8}=$ $\overline{A_1A_2A_3A_45}\times 1000+A_6\times 100+\overline{7A_8}$。而 $\overline{A_1A_2A_3A_45}\times 1000$ 与 $A_6\times 100$（因

A_6 为偶数)都能被 8 整除,可知二位数 $\overline{7A_8}$ 被 8 整除,由此推出 $A_8=2$。

从而剩下的三个偶数 A_2,A_4,A_6 只能分别是 4,6,8。三个奇数 A_1,A_3,A_9 只能分别为 1,3,9。下面分三种情况考虑 A_1,A_3,A_9 的值。因为三位数 $\overline{A_1A_2A_3}$ 能被 3 整除,$A_1+A_2+A_3$ 是 3 的倍数。

(1)若 $A_9=1$,则 $A_1=3$,$A_3=9$;或者 $A_1=9$,$A_3=3$。无论是哪种情况,都推出 $A_2=6$,才有 $A_1+A_2+A_3=18$ 是 3 的倍数。故此时应有 $\overline{A_1A_2A_3}=369$ 或者 963。剩下的 $A_4=4$ 或 8。

若 $A_4=4$,则 $\overline{A_1A_2A_3A_4}=3694=4\times923+2$,或者 $\overline{A_1A_2A_3A_4}=9634=4\times2408+2$,均不能被 4 整除,矛盾。

若 $A_4=8$,则 $\overline{A_1A_2A_3A_4}=3698=4\times924+2$,或者 $\overline{A_1A_2A_3A_4}=9638=4\times2409+2$,均不能被 4 整除,矛盾。

综合上述,知 $A_9\neq1$。

(2)若 $A_9=3$,则 $A_1=1$,$A_3=9$;或者 $A_1=9$,$A_3=1$。无论是哪种情况,都推出 $A_2=8$,才有 $A_1+A_2+A_3=18$ 是 3 的倍数。故此时应有 $\overline{A_1A_2A_3}=189$ 或者 981。剩下的 $A_4=4$ 或 6。

若 $A_4=4$,则 $\overline{A_1A_2A_3A_4}=1894=4\times473+2$,或者 $\overline{A_1A_2A_3A_4}=9814=4\times2453+2$,均不能被 4 整除,矛盾。

若 $A_4=6$,则 $\overline{A_1A_2A_3A_4A_5A_6A_7}=1896547=7\times270935+2$,或者 $\overline{A_1A_2A_3A_4A_5A_6A_7}=9816547=7\times1402363+6$,均不能被 7 整除,矛盾。

综上所述,可知 $A_9\neq3$。

(3)若 $A_9=9$,仍推出 $A_2=8$,应有 $\overline{A_1A_2A_3}=183$,或 $\overline{A_1A_2A_3}=381$。剩下的 $A_4=4$ 或 6。

若 $A_6=6$,则 $A_4=4$。$\overline{A_1A_2A_3A_4}=1834=4\times458+2$,或者 $\overline{A_1A_2A_3A_4}=3814=4\times953+2$,均不能被 4 整除,矛盾。

最后,只有可能 $A_6=4$,则 $A_4=6$。

从而所求的九位数只能是 381654729 或者 183654729。但 $1836547=7\times262363+6$,不能被 7 整除,舍去。经检验,九位数 381654729 完全符合题设的条件。

故本题有唯一答案 381654729。

九九八十一的新算法

《西游记》第九十九回写道：八大金刚既已出发送唐僧回国。当年奉命保护唐僧取经的五方揭谛、四值功曹、六丁六甲、护教伽蓝，向观音菩萨复命。并呈上记载唐僧一路所受之苦，所经灾难的簿子。菩萨从头看了一遍急忙传声：佛门中九九归真，圣僧受过了八十难，还少一难，未能完成此数。即令揭谛传令金刚，再造一次灾难。揭谛得令，立即驾云向东，疾飞一昼夜赶上八大金刚，向八大金刚传达菩萨法旨，不得违误。八大金刚闻得此言，"唰"地把风按下，将唐僧师徒四众，连马与经，坠落在通天河的西岸。师徒们正愁无法渡河，当年曾经把唐僧从东岸驮过西岸的老白鼋来了，欣然接师徒们过河。行到河流中心，老白鼋问起它当年托唐僧向如来佛打听他的年寿归宿一事，结果如何？当他得知唐僧竟然把此事忘记了，没有问过如来。老鼋十分不满，便将身子一晃，沉下水去，唐僧四众连马并经，通通落水。

终于完成了九九八十一难。

可是小说中唐僧等受苦受难的故事，实际上大约只有 42 个（算法可能小有出入），所以实际上是"9×9=42"了。小说评论家们怎样解释这一现象呢？他们认为，这"九九八十一"并非实指乘法得数，只是连起来以应"九"这一神秘数字——"九"乃数之极，"九"乘"九"，极之极也。

按照这一解释，9×9 就是一种新算法，它的结果不等于 81 而等于 42。其实，我们不必借助神秘的"极数"之类的概念，直接定义一种新的乘法运算，使 9×9=42 就可以了，用不着太多的转弯抹角。

例如，我们可以定义整数集 **Z** 上乘法的一个新运算，用符号"$\otimes$"表示：

$$a \otimes b = ab - 2(a+b) - 3$$

根据这个乘法，我们不难按它的定义计算：

$$3 \otimes 7 = 3 \times 7 - 2 \times (3+7) - 3 = 21 - 20 - 3 = -2$$

$$12 \otimes 8 = 12 \times 8 - 2 \times (12+8) - 3 = 96 - 40 - 3 = 53$$

$$9 \otimes 9 = 9 \times 9 - 2 \times (9+9) - 3 = 81 - 36 - 3 = 42$$

当然我们还可以有许多方法定义一个乘法运算，使 $9 \times 9 = 42$。

笔者注意到：现在某些中小学数学竞赛读物中已经出现了一些所谓"定义新运算"的训练题型。

例 1 对于任意正整数 a 和 b，定义一种运算 $\oplus$，使 $a \oplus b = a \div b + b \div a$，求 $\frac{1}{2} \oplus \frac{1}{3}$ 的值。

解 $\frac{1}{2} \oplus \frac{1}{3} = \frac{1}{2} \div \frac{1}{3} + \frac{1}{3} \div \frac{1}{2} = \frac{1}{2} \times 3 + \frac{1}{3} \times 2 = \frac{3}{2} + \frac{2}{3} = \frac{13}{6}$。

例 2 定义新运算"※"如下：$a ※ b = 3a - 2b$，当 $x ※ 5$ 比 $5 ※ x$ 大 10 时，求 x 的值。

解 根据题意，得 $(x ※ 5) - (5 ※ x) = 10$，即

$(3x - 2 \times 5) - (3 \times 5 - 2x) = 10$，

$5x - 25 = 10$，

解方程，得 $x = 7$。

在数学中，可以定义新运算吗？有必要定义新运算吗？要回答这两个问题，必须先从什么是运算谈起。现代数学研究抽象的运算，让我们来分析一下，运算的本质是什么？考虑算式

$$3 + 5 = 8,$$

我们把它改写为：$(3, 5) \to 8$。

因为 3，5，8 都是自然数集 **N** 的元素，$(3, 5)$ 是 **N** 的笛卡儿积 **N** × **N** 中的一个序偶。因此，我们可以说：自然数的加法是集合 **N** 的笛卡儿积 **N** × **N** 到集合 $\mathbf{N}_+$ 中的一个映射。

据此，"运算"可以抽象地定义为：

设 A 和 B 是两个给定的集合，A 的笛卡儿积 $A \times A$ 到 B 的一个映射，称为集合 A 的一个二元运算。

当 $B \subseteq A$，即当 B 是 A 的一个子集时，则称运算"f"是封闭的，这时 f 简称 A 的一个运算。如果 B 不是 A 的子集，则称运算"f"是不封闭的。

这个定义可用图示如下：

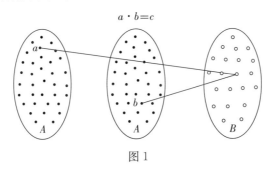

图 1

由此可见，运算就是所规定的法则下的一个映射。

根据这一定义，普通的加法和乘法是正整数集 N_+ 的一个运算，但减法不是。因为 N_+ 中 $(3，5)$，$(7，7)$ 等数对在 N_+ 中没有对应元素。普通的加法、减法、乘法都是有理数集 Q 的一种运算，但除法不是，因为 $(3，0)$，$(4，0)$ 等都没有有理数和它对应。若将有理数集合中去掉 0 以后的集合记为 $R \setminus \{0\}$，则除法是 $R \setminus \{0\}$ 中的一个运算。但这时加法和减法都不是 $R \setminus \{0\}$ 中的运算了。因为对加法来说，$(a，-a)$ 没有 $R \setminus \{0\}$ 中的元素和它对应；对减法来说，$(a，a)$ 也没有 $R \setminus \{0\}$ 中的元素和它对应。

从这个运算的定义看来，运算只是一种映射，具有很大的随意性。但是定义任何一种运算都要能满足一些基本的规律，诸如封闭性、交换律和结合律等，特别地，只有封闭的运算才谈得上是否满足结合律。如果连结合律都不能满足的运算是没有多大实际的意义的。所以，任何一个负责任的数学家都不会凭空定义一些没有什么意义的运算。

我们从小学时就开始学习加法，人们毫不怀疑小学所学的算术运算的法则是放之四海而皆准的真理，是历万古而不变的规律，其真理性是不容怀疑的。但是这种真理性其实是相对的。

我们都熟悉分数运算，两个分数相加的法则是：先把两个分数化为同分母的分数，然后把共同的分母作为和的分母，再把分子相加作为和的分子。例如：

$$\frac{2}{3}+\frac{3}{5}=\frac{10}{15}+\frac{9}{15}=\frac{19}{15}\text{。}$$

现在我们来讨论一个有趣的问题。

假如有人在做算术题时，这样来进行分数的加法：

$$\frac{2}{3}+\frac{3}{5}=\frac{2+3}{3+5}=\frac{5}{8}\text{（他的方法是：分子加分子，分母加分母）。}$$

你一定会毫不犹豫地告诉他，这样做错了，正确的做法应该是：

$$\frac{2}{3}+\frac{3}{5}=\frac{10}{15}+\frac{9}{15}=\frac{19}{15}\text{。}$$

恰巧他是一位电商，他借助电话推销公司的产品。他在上午打了 3 个电话，做成了 2 笔交易，成功率是 $\frac{2}{3}$；下午又打了 5 个电话，做成了 3 笔交易，成功率是 $\frac{3}{5}$。他这一天的成功率是多少呢？如果按照你的算法 $\frac{2}{3}+\frac{3}{5}=\frac{10}{15}+\frac{9}{15}=\frac{19}{15}$，行吗？肯定不行。任何一个推销员都不能使成功率大于 1。不过，若按照他的算法，即分子加分子，分母加分母 $\frac{2}{3}+\frac{3}{5}=\frac{2+3}{3+5}=\frac{5}{8}$，倒得到了正确的答案。因为他这一天共打了 8 次电话，做成了 5 笔交易，成功率的确是 $\frac{5}{8}$。

假如你是一个足球迷。如果在一场足球赛中，红队上半场射门 10 次，射进 2 球；下半场射门 9 次，射进 1 球。那么红队射门的平均命中率是多少呢？也必须用他的方法来计算（即分子加分子，分母加分母）：$\frac{2}{10}+\frac{1}{9}=\frac{3}{19}\text{。}$ 还有，在小学算术中分数可以约分，如 $\frac{2}{10}=\frac{1}{5}$，但是在这里计算足球队的射门命中率时，是不可能把 $\frac{2}{10}$ 约成 $\frac{1}{5}$ 的，因为 $\frac{1}{5}+\frac{1}{9}=\frac{2}{14}<\frac{3}{19}\text{。}$

这告诉我们，还存在别的实用的算术（包括由算术进一步的代数），它与我们在小学里学的算术有不同的运算方法。

对算术的真理性最严重的挑战来自亥姆霍兹，他是一位物理学家、数字家和医生。他在《算与量》一书中提出了许多有趣的现象，例如 1＋1＝2 并不是普遍适用的真理，只有被加的事物是不能消失、混合或分割的情况时才能适用。例如，往一支试管里先放一粒米，再放一粒米，试管里会有两粒米。但如果往试管里先加一滴水，再加一滴水，试管中并不能得到两滴水。正如数学家勒贝格所调侃的那样：你把一头饥饿的狮子和一只兔子关进同一个笼子里，最后笼子里绝不会还有两只动物。

种种情况表明，普通的算术和代数并不是普遍适用的真理体系，现实生活中还需要多种多样的代数系统，在不同的系统中有不同的运算方法。

结尾诗中的数学问题

　　唐僧等人发现，他们千辛万苦取得的经书，原来都是无字的白卷，只得重新回到如来佛处，要求把无字经书换成有字经书。总共换得有字经书35部，计5 048卷。唐僧等人谢了恩，领经而去。

　　如来佛打发唐僧去后，观世音菩萨对佛祖说：弟子当年领金旨向东土寻找取经之人，今已成功。前后共计一十四年，乃五千零四十天，还少八日，不合藏经之数。望我世尊，早赐圣僧返回东土，留下经书，并把唐僧等众带回西天，所有这些都须在八日之内完成，庶几符合藏经之数，也好让弟子缴还金旨。如来大喜道："所言甚当，准缴金旨。"立即吩咐八大金刚道："汝等快使神威，驾送圣僧回东，把真经传留，即引圣僧西回。须在八日之内，以完一藏之数，勿得迟违。"金刚随即赶上唐僧，叫道："取经的，跟我来！"唐僧顿觉身轻体健，荡荡飘飘，随着金刚，驾云而起。终于在八天之内把经书送到东方，留在大唐。而取经的圣僧则随金刚立即返回西天，完成正果。有诗为证：

　　　　　　圣僧努力取经编，西宇周流十四年。
　　　　　　苦历程途遭患难，多经山水受迍邅。
　　　　　　功完八九还加九，行满三千及大千。
　　　　　　大觉妙文回上国，至今东土永留传。

　　要读懂这首诗，有两个需要先搞清楚的数学问题。

1. 14 年是 5 040 天吗?

观世音菩萨算得 14 年共有 5 040 天,要再加 8 天,达到 5 048 天之后,才能与经书总数 5048 卷一一对应。看来法力无边的观世音菩萨也犯了一个极大的数学错误。如果按西历计算,一年有 365 天,14 年中还有 3 个闰年,闰年有 366 天,14 年多于 $365 \times 14 = 5110$ 天,早超过了 5048 天。如果是按照中国的农历计算,14 年 5040 天是按一年平均 360 天计算的($5040 \div 14 = 360$),她忘记了闰年。中国的农历有闰年。闰年的基本规律是"三年一闰,五年二闰,十九年七闰",一般以 19 年为一个周期。14 年间应该有 5 个闰年。因此,14 年加上闰年,共有 $12 \times 14 + 5 = 173$(月)。因为农历的月有大小之分。大月 30 天,小月 29 天。按平均每月 29.5 天计算,14 年应有:

$$173 \times 29.5 \approx 5103(天)。$$

较之 5048 不是少了 8 天,而是多了 55 天左右,现在再增补 8 天,则至少多两个月了!

我国明代有一位名叫刘士龙的数学家,曾经编过一本数学习题集,其中的题目都是用诗的形式表达的。例如他把"苏武牧羊"的故事编成了一道数学题:

苏武牧羊去北边,不知经过几多年?

分明记得天边月,二百三十五番圆。

试问苏武在北海牧羊经过了多少年?

刘士龙的解法是:$(235 - 7) \div 12 = 19$。

答:苏武牧羊共去了 19 年。

刘士龙在本题的解法中,没有直接拿 235 去除以 12,而是先减去一个 7,再拿其差 228 用 12 除,已经考虑了闰年。本题中的 235 个月有些是闰月,按照农历"十九年七闰"的规律,这个问题正确的算法是:

先用 12 试除 235,得商数大于 19 而小于 20,因为 19 年有 7 个闰月,所以要先把 235 减去 7,再用 12 除,才能得出正确的年数。不过必须指出的是：在一般情况下虽然是十九年七闰，但也有个别例外，19 年之间只有 6 个闰年的。例如，查查《万年历》就可以发现：从公元 1985 年至公元 2003 年的 19 年间，只包含了 6 个闰年。所以刘士龙的这个诗题的解法在逻辑上仍然是不够严密的。

2. "三千"是 3000 吗？

诗中颈联云"功完八九还加九，行满三千及大千"，这个"三千"是 3 000 吗？其实这首诗中的"三千"，并不是通常意义下的三个"一千"的和，而是三个"一千"的乘积，即

$$1000 \times 1000 \times 1000 = 1\ 000^3 = 10^9$$

根据佛经《智度论》中的说法：以须弥山为中心，以铁围山为外部，是一个小世界，即通常所说的世界。一千个小世界合成小千世界，一千个小千世界合成中千世界，一千个中千世界合成大千世界，即

$$1 \text{大千世界} = 1000 \text{中千世界} = 1000 \times 1000 \text{小千世界}$$
$$= 1000 \times 1000 \times 1000 \text{世界} = 1000^3 \text{世界}。$$

诗中用"三个一千相加"来表述"三个一千相乘"，除了诗中字数限制的原因之外，是否也有其合理的成分呢？其实在数学里，的确有用加法来代替乘法的，那就是对数。

1614 年，英国数学家纳皮尔发明了对数，这是数学史上具有革命性意义的一件大事。

在发明对数之前，所有的工程技术、天文历算所需要的数据都是依靠人的手工计算的，要花费科学家们大量的时间与精力，对数的发明大大简化了天文学家和科技人员的劳动。

对数思想是怎样产生的呢？原来纳皮尔是受了等比数列与等差数列对应项之间有趣关系的启发。这种有趣的对应关系，德国的斯提菲早在 1544 年就发现了。在他所著的《整数的算术》一书里写出了两个数列，左边一个是等比数列，称为"原数"，右边一个是等差数列，称为"代表数"。

原数：2　4　8　16　32　64　128　256　512　1024　2048　……

代表数：1 2 3 4 5 6 7 8 9 10 11 …

发明对数体现了数学中的同构思想。斯提菲发现，如果要计算 16×128，只要先在表中找出 16 和 128 的代表人物 4 和 7，再对 4 和 7 作加法运算，得到 11。再从 11 找到原数 2 048，就是 16 与 128 的乘积。在斯提菲工作的启示下，纳皮尔发现这两个数列得到的方法虽然是不相同的运算，但在结构上却有相似之处。下面的序列是从 1 出发，不断加 1 而得到的；上边的序列却是从 2 出发，不断乘 2 得到的。两个数列在运算关系上也相似，下边是 $4 + 7 = 11$，上边是 $2^4 \times 2^7 = 2^{11}$。认识到这一点，在计算 16×128 时，就不必直接计算 $2^4 \times 2^7 = 2^{11}$，而只要计算 $4 + 7$ 就可以了。于是，纳皮尔经过研究，发明了对数。

选择一个适当的不等于 1 的正数 a，那么对于任何两个整数 m，n，设 $a^m = x$，$a^n = y(a > 0, a \neq 1)$。

把 m，n 定义为 x，y 以 a 为底的对数，a 称为底数。分别记为：

$$m = \log_a x, \ n = \log_a y,$$

因为 $$a^m a^n = a^{m+n} = xy,$$

所以 $$m + n = \log_a (xy),$$

即 $$\log_a (xy) = \log_a x + \log_a y。$$

在初等方法中，我们是从一个正数 a 的整数幂 a^n 开始，然后再定义 $a^{\frac{1}{n}} = \sqrt[n]{a}$，这样，对于每一个有理数 $r = \frac{n}{m}$，就可得到 a^r 的值。对于任何无理数 x，a^x 的值也这样来定义，以便使 a^x 成为 x 的连续函数，初等数学教育省略了这些精致之点，最后以 a 为底的 y 的对数

$$x = \log_a y$$

定义为 $y = a^x$ 的反函数。

通常采用以 $a = 10$ 为底数，称为常用对数。在高等数学中，则更喜欢用无理数 $e = 2.718\ 28 \cdots$ 为底数，称为自然对数。自然对数可以借助微积分定义为曲线 $y = \frac{1}{x}$ 之下从 $x = 1$ 到 $x = n$ 的面积，如图 1 所示也就是积分

$$F(n) = \ln n = \int_1^n \frac{1}{x} \mathrm{d}n$$

变量 x 可以是任何正数,因为当 u 趋于 0 时,被积函数 $\dfrac{1}{x}$ 变成无穷大,所以零被排除在外。

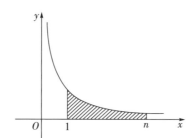

图 1　双曲线 $y=\dfrac{1}{x}$ 下阴影部分的面积为 $\ln n$